北京宣传文化引导基金资助项目

U0185051

中国传统手工技艺丛书

聚元号弓箭制作技艺

韩春鸣 著

北 京 出 版 集 团
北京美术摄影出版社

图书在版编目（CIP）数据

聚元号弓箭制作技艺 / 韩春鸣著. — 北京 ：北京
美术摄影出版社，2020.12
（中国传统手工技艺丛书）
ISBN 978-7-5592-0416-5

Ⅰ. ①聚… Ⅱ. ①韩… Ⅲ. ①射箭—体育器材—制造
—北京 Ⅳ. ①TS952.5

中国版本图书馆CIP数据核字(2021)第012980号

责任编辑：赵　宁
执行编辑：刘舒甜
装帧设计：金　山
责任印制：彭军芳

中国传统手工技艺丛书
聚元号弓箭制作技艺
JUYUAN HAO GONGJIAN ZHIZUO JIYI

韩春鸣　著

出　版　北京出版集团
　　　　北京美术摄影出版社
地　址　北京北三环中路6号
邮　编　100120
网　址　www.bph.com.cn
总发行　北京出版集团
发　行　京版北美（北京）文化艺术传媒有限公司
经　销　新华书店
印　刷　天津联城印刷有限公司
版印次　2020年12月第1版第1次印刷
开　本　710毫米×1000毫米　1/16
印　张　12.5
字　数　180千字
书　号　ISBN 978-7-5592-0416-5
定　价　68.00元

|序|

　　2005年我国非物质文化遗产保护工作正式启动，至今已经走过15个年头。如今，"非物质文化遗产"早已深入人心，成为全社会广泛关注的热点话题。

　　10余年来，我国非物质文化遗产保护工作取得了十分丰硕的成果，特别是《非物质文化遗产法》的颁布施行，使我国有关非物质文化遗产保护的方针政策上升为国家意志，有关非物质文化遗产保护的有效经验上升为法律制度，各级政府部门对非物质文化遗产的保护职责也上升为法律责任，标志着我国非物质文化遗产保护工作的法律制度、工作体系的进一步完善。目前，我国已拥有人类非物质文化遗产项目42项（含代表性项目34项，急需保护项目7项，最佳实践项目1项），项目总数位居世界第一；拥有国家级非物质文化遗产代表性项目1372项，拥有国家级非物质文化遗产代表性传承人3068位；全国各省（区、市）也公布了省级代表性项目15550项，省级代表性传承人14928位，标志着我国非物质文化遗产名录体系更加趋于完善。

　　其实，我国最早启动的是一项有着明确时间段的保护工程。2003年4月，这项名为"中国民族民间文化保护工程"的工作开始酝酿；同年10月，文化部在贵州主持召开"全国民族民间文化保护工程试点工作会议"，使这项工程进入操作阶段；2004年4月，文化部、财政部正式发布《关于实施中国民族民间文化保护工程的通知》，随文下发了《中国民族民间文化保护工程实施方案》，明确提出这项"工程"从2004年至2020年实施，整个工程分为三个阶段，并明确了各阶段的主要目标和任务。

2005年6月，文化部在北京召开"全国非物质文化遗产保护工作会议"，会议下发了《国务院办公厅关于加强我国非物质文化遗产保护工作的意见》。就是这次会议首次使用了"非物质文化遗产"的提法，正式下发了首个以"非物质文化遗产保护工作"为内容的政府文件，确定了非物质文化遗产"保护为主，抢救第一，合理利用，传承发展"的方针。应该说，这次会议是我国非物质文化遗产保护工作初期非常重要的一次会议，对于推动我国非物质文化遗产保护工作有着十分重要的意义。

在我理解，"非物质文化遗产保护工作"的提出，至少有4个方面的意义：第一，用"非物质文化遗产保护工作"替代原有的"中国民族民间文化保护工程"的提法，将原来的"中国民族民间文化保护工程"并入"非物质文化遗产保护工作"，成为其"重要的组成部分"，明确了二者之间的关系；第二，非物质文化遗产保护工作的定名，将原来有着明确时间界定的"工程"变为一项长期的日常性"工作"，"工程"向"工作"的变化，充分体现了党和政府对非物质文化遗产保护工作的高度重视；第三，原来"民族民间文化"保护的工作范围，主要是群众文化所涉猎的民间文学、音乐、舞蹈、戏剧、曲艺、民俗等民间文化艺术的内容，而"非物质文化遗产"不仅仅是表述方式的改变，其内涵和外延都扩大了，特别是明确地将传统美术、传统医药等内容纳入非物质文化遗产的保护范围；第四，将我国的非物质文化遗产保护工作与联合国《保护非物质文化遗产国家公约》、"人类口头及非物质遗产代表作"的评审进一步接轨，并且为我国非物质文化遗产的规范立法做了必要的基础性准备。

2005年12月，国家文件升格，由国务院下发《关于加强文化遗产保护的通知》，首次将非物质文化遗产保护与物质文化遗产（文物）保护放到了同等重要的位置，并确定每年6月的第二个星期六为全国"文化遗产日"（2017年改为"文化和自然遗产日"）；2006年2—3月，由文化部九部委联合在中国国家博物馆举办"中国非物质文化遗产保护成果展"，这是我国举办的首个以"非物质文化遗产"定名的全国性展览；2006年6月，国务院正式批准公布第一批国家级非物质文化遗产名录，随后各层级的名录也陆续公布，标志着我国非物质文化遗产保护名录体系的初步建立；2007年6月，文化部又公布了第一批国家级非物质文化遗产代表性传承人，表彰了一批非物质文化遗产保护的先进工作者、先进集体和先进个人。直至2011年2月第十一届全国人大常委会表决通过《非物质文化遗产法》，将我国非物质文化遗产保护工作推进到一个新的阶段。

近年来，我国非物质文化遗产保护工作越来越得到党和政府的高度重视。2017年习近平总书记多次就文化遗产保护问题做出重要指示。同年，国务院办公厅转发文化部等部门制订的《中国传统工艺振兴计划》，使我国非物质文化遗产保护不断向纵深发展，对我国传统工艺的振兴有着巨大的推动作用。

由北京美术摄影出版社组织编纂的这套"中国传统手工技艺丛书"，正是在这样的背景下出版发行的。本丛书（第二辑）收录了《聚元号弓箭制作技艺》《琉璃烧制技艺》《京作硬木家具制作技艺》《山石韩叠山技艺》4个非物质文化遗产"传统技艺"类项目，都是我国传统工艺中的经典之作。

"聚元号弓箭制作技艺"是首批国家级非物质文化遗产名录项目，具有很高的保护价值。2006年杨福喜继承父业，成为"聚元号"第十代传承人，并借助国家传承保护非物质文化遗产的契机，使"聚元号"弓箭制作技艺得到了有效传承。"聚元号"弓箭以制作复合弓为主，内胎为竹，外贴牛角、内贴牛筋、两端安装木质弓梢。此种弓在释放后会缓慢呈反曲弧形，属中国"北派"弓箭制作技艺。

"琉璃烧制技艺"是第二批国家级非物质文化遗产名录项目，史上琉璃渠烧制的琉璃一直为宫廷御用，被朝廷视为正宗琉璃。清代，完成一件琉璃制品需经过20余道工序，10多天方能完成，故形成中国标准官式琉璃烧制之法，其制品具有远观有势、近看有形、线条优雅、装饰精巧、色彩秀美、寓意深刻六大特点。现在，琉璃烧制技术的釉色配方、火候控制等技术含量高的工序一般都由琉璃渠村人亲自完成。

"京作硬木家具制作技艺"也是国家级非物质文化遗产名录项目，是具有皇家气派的京作技艺。其制品为榫卯结构，所有连接处均不施一钉，且采用的独特的烫蜡工艺，能显示木材的自然美感。龙顺成京作硬木家具以造型庄重典雅、雕饰细腻美观著称，其纹饰广泛使用祥瑞题材，形成雍容、大气、绚丽、豪华、繁缛的京作硬木家具风格，被称为家具中的"官窑"，有着"百年牢"的美誉。

"山石韩叠山技艺"是北京市级非物质文化遗产名录项目。韩雪萍为韩氏家族第四代传承人。她继承祖辈造园技艺，并有了创新发展，提出了现代假山"幽、静、雅、韵、秀"的审美标准以及"横纹竖码"的叠山形式。山石韩叠山技艺在工序上可分为"基础、相石、堆叠、刹垫、镶缝、勾缝、绿化"等步骤，总结出假山堆叠的"三安""三远""十字诀"等造园叠山理念和手法，在我国造园叠山领域占有突出位置。

《中国传统工艺振兴计划》明确提出：人民群众在长期社会生活实践中共同创造的传统工艺，蕴含着中华民族的文化价值观念、思想智慧和实践经验，是非物质文化遗产的重要组成部分。振兴传统工艺，有助于传承与发展中国优秀传统文化，涵养文化生态，丰富文化资源，增强文化自信。相信在我国重视保护中华优秀传统文化的时代背景下，随着非物质文化遗产保护工作的进一步推进，我国传统工艺保护一定会取得更加丰硕的成果。

是为序。

石振怀

2020年9月14日

（作者为北京文化艺术活动中心研究馆员、北京民间文艺家协会副主席，原北京群众艺术馆副馆长、《北京志·非物质文化遗产志》原主编）

古人云：军器三十有六，而弓为称首；武艺一十有八，而弓为第一。

聚元号是北京的老字号，是一个有着近300年历史的弓箭铺。聚元号弓箭铺制作技艺已经濒临消逝，据有关专家考证，全中国目前全面掌握中国传统弓箭制作的艺人只有一个，这

箭在弦上

个人就是聚元号的第十代传人杨福喜。难怪那些国家级的专家学者一致通过将"聚元号"弓箭铺技艺列入国家第一批非物质文化遗产名录。

有人说，科学这么发达，还愁不能复制几把老弓？要说制作

聚元号弓箭制作技艺

市级非物质文化遗产

北京市人民政府公布
北京市文化局颁发
2007 年 6 月

市级非物质文化遗产牌匾

几把弓箭似乎不算太难，古籍上有记载，照方抓药不就得了，有什么神秘的。您还别说，眼下照老方子制作出弓箭，还真不是一件容易的事情。

过去的人怎么造弓箭，谁见过？您说按图索骥，那周折可就海了去了。为什么呢？现代的弓箭制作有图纸，有具体的规制，可以动用机械设备，而传统的弓箭制作虽然也有不少的古籍记载，如《考工记·弓人》《梦溪笔谈·技艺》《天工开物·弧矢》等，可是您若照着书籍记载的程序操刀制作，往往很难达到标准，甚至做不成。为什么？传统的手艺完全是凭工匠的感觉，凭自身掌握的技巧，是靠眼为尺，手为度；也许就是老百姓常讲的"说起来容易，做起来难"。

您或许要问：你这不是故弄玄虚，卖关子吧？冷兵器时代，制作出的弓箭何止成千上万，到了今天，照葫芦画瓢，仿制一张民族传统的老弓，有那么神秘和复杂吗？

国家级非物质文化遗产牌匾

　　那好，咱就拿制作弓箭最简单的一道工序来举例说明吧！弓箭铺里的"熬胶用鳔"。让外行人看，有什么呢？架上锅，熬呗！可您说熬到什么时候算是正好？这可就要看弓箭工匠怎么掌握好火候啦！要看这熬成的鳔胶在什么温度时适宜粘贴，用什么工具进行测试呢？不用温度计，没有计算机，直到21世纪的今天也没有一款测量这方面的专业仪器。谁能猜得出来靠什么？告诉您吧，靠工匠自己的舌头品。用舌头尖来感觉这鳔熬的火候到没到家，黏度稠还是稀。您说这一手活儿怎么按图索骥？完全要靠师徒之间口口相传，甚至不能言传，只可意会，完全是靠手艺人的悟性和体味。这玩意儿难吗？说不难吧，仨月俩月学不会；要说难吧，三年五年怎么也出徒了。中国的传统手艺往往是这样，没有多少理论，可就是要实际摸索，直接体验，悉数感受，最后才心领神会，进入出神入化的境界。

　　有人或许还要问，您不是说杨福喜当年是奔60的人了吗？

他跟谁淘换出这个绝技呢？说来也很简单，因为杨福喜的父亲、大伯、二大伯、三大伯或多或少都从事过弓箭制作的行当。杨福喜的爷爷杨瑞林那一辈人当中有不少当年就是从事这个行当的精英。到了杨福喜父亲杨文通这一辈，哥几个也是子承父业，接着续写聚元号的辉煌历史。老话说，近朱者赤，近墨者黑，杨福喜在这样的环境中长大，还能没有个熏陶？杨福喜在他38岁那一年，放弃了他特别喜爱的"马路上遛弯的买卖"——开出租车的职业。至今杨福喜一提到开出租，还是十分留恋，那活儿多美呀，马路上遛弯，兜着风，旁边还有人跟你唠嗑，就把钱赚兜里了。老实说，杨福喜还是真豁得出去的人，断了每天有进项的财路，没有了一般人认为的正儿八经的工作，一个人闷在小屋里，一门心思扑到了老弓的制作工艺上，跟着老爷子没白天没黑夜，反复鼓捣家里流传下来的那把老弓。一般人还真做不来。

老杨家人丁兴旺，杨福喜不是独生子，排行老三，前面还有俩哥哥呢。可就他一个人"犯傻"，跟老爷子玩上了弓箭，如今老爷子驾鹤西去，总算把成套的弓箭制作技艺留给了儿子。让老爷子做梦也没有想到的是，自己的三小子现如今居然成为北京城的名人，成为"聚元号"当下唯一传人。这让当年在龙湾屯插队的知青们大吃一惊，真没想到打开电视，杨福喜那小子居然和专家学者们坐在一块儿讲经论道呢。街坊邻居更觉得意外：就那留着一把大胡髭，在小区楼下小棚子里出来进去的主儿，就是被列入全国非物质文化遗产项目的代表性传承人！杨家哥仨就杨福喜闹出了名堂，成为"聚元号"民族传统弓箭制作的第十代传人；到目前为止，还是整个中国唯一的一位民族传统弓箭传人。

笔者最初与杨福喜见面时，是在10多年前。那时，杨福喜的独生儿子杨燚耳濡目染，已经开始接触弓箭这一行，但还没有正式接手杨福喜的衣钵。杨福喜身边不乏有意学习这门手艺的年轻人，且不少有大学以上学历，有的家中不说有万贯资产也是衣食无忧的主儿，但是还没有一个坚持到杨福喜点头认可，有的仅仅干个一年半载，就耐不住寂寞走了，有的虽然还在帮忙打打下

▌杨福喜展示弓箭

▎杨福喜与儿子杨燚

▎作者在聚元号工作室采访杨福喜

杨福喜持弓说古

手，却仅仅是学些皮毛。杨福喜说他们不算徒弟，只能算是伙计。伙计和徒弟听上去似乎没有多大差别，其实不然。过去老例儿说"师徒如父子"，伙计是不能"如父子"的，只是帮工、助手。也就是说，杨福喜至今还没有将自己的全套手艺传授给任何一个人。杨福喜对学习技艺的传统老例儿很是较真儿，也就是说，除了杨燊之外，没有一个他认可的正式徒弟。

说起这20来年的变化，杨福喜还是颇有感慨。通过媒体的宣传，杨福喜的传统弓箭作坊名声在外。杨福喜的成功激发起坊间的一些弓箭艺人或是匠人的心气儿，有的也拾掇起箱子底的家伙重操旧业，仿制传统弓箭，或是制作已经失落多年的弓矢品种。杨福喜对笔者说，这也是他作为非遗传承人所做出的一点贡献吧。传统弓箭制作技艺不会在自己手里画上休止符。

中国近现代历史上，散落各地的弓箭作坊不计其数，数不胜数；到了今天，不少城市还保留有弓箭街、弓箭坊、弓箭胡同的地名。当年制作弓箭的匠人何止成百上千，然而还没有一位有杨福喜这么高的知名度，还没有一位像他这样具有传奇色彩。60多岁的杨福喜已经是中国工艺美术大师，是国家级非物质文化遗产名录榜上有名的人物。尽管他的手艺或许不如他的祖辈，可如今在世的中国民族弓箭艺人中，能够掌握全套弓箭制作技艺的，即使他不是唯一的一位，也是屈指可数，寥寥无几。就这一条，怎能不让喜好弓箭射艺之人对他刮目相看。

翻阅中国历史，出彩的不仅仅是帝王将相、才子佳人，民间的五行八作、传统艺术，也大有精彩华章。作为中国当代弓箭制作大师，杨福喜走过的道路，就值得大书一笔；历史上的弓箭故事和弓箭人生，对广大读者来讲，亦不无启示，不无益处。

|目录|

第一章

聚元号弓箭的来历

清朝开国初年，强调"国语骑射"，因而将中国的弓矢文化推上了一个高峰。聚元号弓箭铺的创立，应是始自清军入关以后。杨福喜保留了一张历经沧桑的老弓，弓身约1.5米长。弓身上面的铭文清晰可见：大清道光三年（1823年）毅甫制，这张弓距今已有约200年历史了。

老弓上的铭文除了落款外，还有十几个象形古汉字，很长时间没有人能译出其中准确的含义，直到2012年，杨福喜参加中央电视台的一个藏宝类的节目，遇到一位古文字方面的专家才将这十几个文字破解。文字大意是为了纪念聚元号问世100周年而特别制作的珍藏版弓箭。如果这一点确凿，那么聚元号弓箭铺的历史就可以追溯到约300年之前了。

第一节

从造办处到东四弓箭大院

笔者仔细地端详这张历经数代弓匠之手的老弓，尽管历尽沧桑，依然老而弥坚。弓身镶着珍贵的鲨鱼皮，弓的表面绘有祥瑞的图案。杨福喜告诉我们，这弓身上的图案的含义有"暗八仙"（民间传说中八仙所使用的法器），有"万不断"（"万"字不断），有"蝙蝠"（一是音合"福"字，二是蝙蝠是"夜眼"，暗示拉弓射箭的人可以在晚上箭无虚发）等。弓身内侧铭刻汉字题款。杨福喜将老弓举起，阳光照射之下让人眼前不由得一亮，感受到一股勇猛之气。

为什么聚元号会在清道光三年（1823年）特制一张纪念弓呢？难道仅仅因为聚元号弓箭铺成立100周年？笔者在国家档案局研究馆员郭银泉

先生的帮助下，查阅了相关史料，从中发现道光三年对于在宫廷大内制作弓箭的弓匠艺人来说，的确有着深刻的意义。

让我们共同浏览一下清朝有关弓作的历史档案：

清康熙三十年（1691年）以前，内务府造办处设弓作；之后奉康熙谕旨，造办处迁出养心殿，东暖阁裱作移至南裱房，满洲弓箭亦留在内。其余别项匠作俱移出，在慈宁宫茶饭房做造办处，当时被称为外造办处；清雍正元年（1723年），造办处设立了活计库，收购内廷交出成造的活计样品和造竣尚未交进的活计。聚元号弓箭铺当时应当隶属造办处弓作；清道光三年（1823年），造办处取消了弓作。

清道光三年（1823年），是朝廷弓匠的生活发生重大变故的一年。这一年，御用弓匠离开了紫禁城；这一年，聚元号弓匠没有了"吃官饭"的待遇。由此，我们不难判断：毅甫所制作的那一张纪念弓，或许本来是为朝廷某位皇亲贵戚所做，因为朝廷政策的突然改变，才得以留在聚元号，成为今日的镇铺之宝。假如朝廷没有取消弓作，那么当时的弓匠无论如何也不可能用朝廷的材料为自己制作一张纪念弓的。

值得弓匠庆幸的是，到光绪年间，清廷明确恢复了弓作。但光绪年间恢复的弓作，其管理方式上已经不同于往年了。聚元号没有重返紫禁城，而是继续留在了东四的弓箭大院。只不过他们还要继续为朝廷服务，要依据造办处所制定的标准和要求来制作弓箭。而制作弓箭所需要的材料不再由宫廷负责采买，而允许在民间自由选购。换言之，聚元号从那时起不再是吃皇粮的"国营职工"身份，而是"国有合同职工"身份。聚元号要按照造办处的要求，在规定时间完成制作一定量弓箭的任务。造办处则按照约定，通过验收后支付给聚元号相关银两。当时的工钱应该是比较丰厚的，因为朝廷对匠人还有相当严格的约束。例如，明确要求不经允许不得私自外卖，表明还属于"计划内经济"。特别值得一提的是，从那时候起，东四的弓箭大院被列为了皇家的御用之地。按照杨瑞林的说法，当时是禁止任何闲杂人员入内的。大院设有两个大门，各有更房及护卫。弓箭大院内部由横三条、竖三条胡同构成，形成棋盘式建筑格局。而"聚元号""天元""广生""隆生""全顺斋""天顺成""德纪兴"弓箭铺分别成了这个大棋盘中固定的棋子，聚元号因为有清乾隆帝御笔题的匾额而成为南大门的第一铺面。

第二节

聚元号弓箭铺什么时候姓了杨

　　聚元号弓箭铺藏有三件镇铺之宝，由聚元号第十代传人杨福喜保管，轻易不肯示人。其一是一张小巧精致的弩弓。按照杨福喜的说法，这叫铺底货。据老一辈人讲，这是清王朝一位皇太子留下来的。杨福喜的爷爷回忆说，这还是当初盘下"聚元号"店面时从王家接手过来的呢。当年铺里的老伙计沈六和周纪攀回忆，不知道是哪一位皇太子特意派宫里的太监专门把这张弩弓送到"聚元号"来修理的。当时弩弓的黄匣子处还塞了一个纸捻儿，上边写着某某皇太子送修。据说这位皇太子不知道什么原因突然获罪，被贬后发配到边疆去了，从此再无人来取这张已经修复完好的弩弓。那个纸捻儿之前还保留在杨家人的手里，之后因为接连搬了几次家，不知折腾到哪儿去了。此弩弓经过这般周折，因此成了一件历史遗物。

　　能够说明聚元号历史的证据还有一件，即同样属于聚元号铺底货的老弓，据说也是从皇宫里流出来的，不知是聚元号哪一代人承接修复的。此弓弓力大，制作精良，弓背的花纹是用鲨鱼皮包上以后又用刀仔细雕刻出来的。一位弓箭收藏家看过且仔细研究后认为：这个样式的古弓，他仅在美国的一家博物馆里见过。杨福喜说，他曾在故宫博物院的"珍宝馆"里看到过一张乾隆年间的老弓。那弓已经坏了，箭也只有一支，觉得十分可惜。杨福喜又取出另一张弓，叫"折半弓"，中间有个

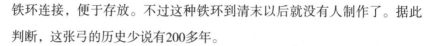

铁环连接，便于存放。不过这种铁环到清末以后就没有人制作了。据此判断，这张弓的历史少说有200多年。

通过这三件历经百年以上的老物件来分析，聚元号不仅仅是百年老号，聚元号的艺人当年还是皇宫大内的御用弓匠；同时也说明，聚元号曾经是直接为朝廷服务的弓作工匠铺。

有专家考证，聚元号弓箭铺历经三朝十代，是京城的老字号。依笔者掌握的资料分析，聚元号真正作为一个自负盈亏的经营主体实际没有多少年，最远是在1912年，也就是大清朝宣统皇帝逊位，开始以中华民国为国号的时候。

为什么这么说呢？聚元号弓箭铺在清廷管辖的时候，属于"计划经济"范畴。为皇宫服务的弓箭工匠，不用自己找营生找活儿干，就等着内务府造办处给下单子。宫里面让做什么样的弓箭就做什么样的，让做几张弓就做几张。"吃皇粮"嘛，也不能随便在民间买卖，需要什么物件，需要多少材料，只要和上面禀报申请就是了。自身的任务很简单，那就是保质保量，按时交货。说具体一些，那时的聚元号也就是个宫廷里制作弓箭的作坊，或者说仅仅是一个负责生产弓箭的车间而已，没有原材料供应和产品销售方面的顾虑。

清道光三年（1823年）以后，造办处取消了弓作。这样一来，聚元号要自己操心的事务可就多了，不能干等着赊现成的了。要维持这个铺面，就得"找米下锅"。一张弓表面看似简单，实际做起来复杂，就说必不可少的原材料如竹子、牛角，就这两样，北京城方圆百十里开外都没有现成货，要采购就得奔南，过黄河，到长江岸边淘换去。

好在光绪年间恢复了吃皇粮的传统，聚元号弓箭铺的弓匠又可以优哉游哉了。聚元号真正出现危机是在清朝末期，国家动荡，朝廷内乱，让皇亲国戚们没有心思骑马架鹰，拉弓围猎了。经济层面上，清朝向世界列强一再赔款，本来就不充盈的国库快被掏空，养不起那么多吃官饭的了。于是，皇家弓作与朝廷很多其他行当一样沦为民间作坊。

皇家弓作出来的匠人在哪儿安家？就在东四大街的弓箭大院。这个弓箭大院在聚元号没来之前，也是隶属朝廷。只不过这里的弓箭匠人不是直接为皇家内廷效力，而是分别听命于兵部或是工部或是九门提督府等。这里几十家弓箭铺，除了要按照规制生产制作弓箭外，还要到处寻觅物美价廉的原材料，还要自找销路，争取各个衙门口的订单。一句话，麻雀虽小，五脏俱全。

这时聚元号的掌门人小王夫妇不适应市场竞争的局面，依然是吃老本，按照宫廷的规制，生产屈指可数的那么几样弓箭。由于没有打开市场的销路，花得多，进项少，经济自然是江河日下。更要命的是，这两口子心情郁闷，染上了吸食"福寿膏"的嗜好。一个月挣不了多少钱，还不够给烟馆送的。没过多久，小王家就穷得家徒四壁，最终山穷水尽，便到处找买主，要将其祖上的家业聚元号铺子趸出去。

按理说，有乾隆帝赐给的金字招牌，上百年的老字号铺子怎么也得值几百块现大洋。可有谁愿意出这个数，趸一个没有什么销路的买卖呢？小王实在是没有办法了，一再降价，最后喊破嗓子：100块大洋有没有人要？没有，降价，80！60！40！有人把这个消息告诉了正在街头摆水果摊的杨瑞林。

杨瑞林是杨福喜的爷爷，满洲镶蓝旗人，祖辈生活在弓箭大院。他18岁时，清朝亡了，从事弓箭手艺的父亲也在潦倒中过早辞世。杨瑞林为生活所迫，便在全顺斋弓箭铺当了一名学徒。全顺斋掌柜不是外人，是杨瑞林的堂兄，自然对杨瑞林还是照顾有加。特别在手艺上，对杨瑞林也不藏着掖着，好让杨瑞林能够尽快学会、全面掌握，以便自立门户、相互帮衬。

杨瑞林懂事、聪明，眼里有活儿，又特别勤快。因而三年多的工夫，20岁的年纪，他就学成手艺出了师。若论制作弓箭的手艺，无论白

杨福喜展示珍藏的老弓

活还是画活，200多道工序，杨瑞林样样拿得起来，件件做得有模有样。弓箭大院里的行家们看了杨瑞林做的弓，都一个劲竖大拇哥。但是，那个年月手艺再好，也不见得就能混饱肚子。由于全顺斋仅仅是守着造办处传下来的那几样弓箭样式，因而销路也没有太大的起色。这时的杨瑞林已经娶妻生子了。为了养家糊口，在全顺斋活儿不多的时候，杨瑞林便在街头摆了个水果摊，白天出摊卖水果，晚上就去弓箭铺当帮工。当听说小王两口子要卖聚元号铺子，杨瑞林心头不由一震，"噌"地站起身，也不顾水果摊前的顾客了，拔腿就往南大门跑。

杨瑞林不敢相信，小王两口子真的要卖祖宗留下的产业？小王站在铺子前，声嘶力竭地喊着："老少爷们行行好！救救我们两口子吧。实在是迈不过去这道坎了！40块钱您拿走！多好的门脸，多大的铺面啊！"聚元号的伙计也是出类拔萃的匠人，如今看掌柜的混成这副模样，一个个耷拉着脑袋，一副无奈的神色。眼前的情景，让杨瑞林眼睛湿润了，他嗓子哽咽起来，不到万不得已，谁愿意卖祖上传下来的铺子。他走上前，站到小王面前，想劝劝他：再好好掂量掂量，可别一时冲动啊！

小王认识杨瑞林，都在一个大院里住，低头不见抬头见，彼此也有所了解。这时小王见杨瑞林从人群中挤了上来，就猜到杨瑞林有心想当买家，马上说道："兄弟，给你吧！就40块！我一个大子儿也不多要；你买过去，一是你救了我，二是这铺子给你我也放心，也不辱没聚元号这百年老号的名声啊！"

望着小王夫妇期待的目光，杨瑞林动了心。是啊，自从出师那一天起，杨瑞林巴不得能有一家自己的铺子，可哪能那么容易呢！万万没有想到小王夫妇要甩聚元号！论价钱没得说，忒便宜了。40块？杨瑞林有点不敢相信地问："您说是聚元号整个铺子？"

"没错。40块，这里里外外，剩下的材料，还有铺底的存货，全是您的了。我是扫地出门。一分不多要。"

"那，这聚元号的牌匾也在40块的里边？"

▌早年弓箭艺人的工作环境

"没有这块匾，还能有这个价吗？我卖铺里存货能卖40块吗？"小王有点着急，"今儿您给了定金，就全是您的了！"他让烟瘾急得抓耳挠腮。

对于一个刚出道的年轻人来说，40块大洋还是一个天文数字。卖个瓜果梨桃，弓箭铺帮忙打个下手，起早贪黑，一年能有几个铜钱的富余？这40块钱让杨瑞林翻箱倒柜也掏不出来，怎么办？杨瑞林决定借钱，求亲告友，砸锅卖铁，不能错过这个机会，千方百计，说什么也要盘下这个聚元号的铺子来！

杨瑞林和小王夫妇说好，铺子我要了，定金5块马上给您，杨瑞林将水果摊买卖货款的钱一股脑掏出来给了小王，接着说：全款还容我缓两天给您。小王接过定金，数也没有数就一口答应下来。

一个好汉三个帮，一个篱笆三个桩。老杨家亲戚朋友不少，家底丰厚的也有几位，但是杨瑞林第一个想到的是他的大舅哥。他与小王两口子有了君子约定后，便径直回家和妻子冯氏商量。冯氏娘家也是弓箭大院的弓匠，制弓造箭也是行家里手，对于丈夫要盘下聚元号的想法二话不说，当然支持。她十分清楚自己的家底，要不靠亲朋好友相助，绝不可能买下聚元号。她与丈夫不谋而合，想到了自己的哥哥冯瑞祥。冯瑞祥从小在肃亲王府里做事，给肃亲王当书童。在王爷府里长了见识不说，还学到了很多待人接物的礼仪。等他长大成人，按照王爷指点和帮助，他离开王府从了军，因为有王爷罩着，他在军队里吉星高照，步步高升，几年工夫，他便当了高官。有了钱有了权，冯瑞祥总想帮衬一下亲戚朋友，逢年过节短不了到各家走动走动，特别在他的妹夫杨瑞林面前，总是说："有事就说话。你要不找你这个大舅哥，就是瞧不起我。"当妹妹和妹夫向他发来十万火急的求助信时，他不禁乐了："不就40块钱嘛，还至于火上房似的急赤白脸！"他马上吩咐副官带上100块大洋，赶紧送东四牌楼妹夫家去，并让副官告诉杨瑞林：40块大洋是盘下聚元号的钱，另外60块是筹办开张购置材料扩大买卖的钱。

有大舅哥鼎力相助，杨瑞林一分不少地将钱交到小王夫妇手上。当双方按下手印，各执一份买卖契约时，杨瑞林感觉就像做梦似的，聚元号真的成了自己家的买卖，这弓箭大院首屈一指的弓箭老铺真的姓了杨。

当杨瑞林两口子接过聚元号铺子以后，并没有急于开张营业。按照冯瑞祥的指点：重新打鼓另开张，怎么也要让聚元号里外三新。两口子与聚元号的老伙计们一道将铺子里里外外打扫一番，重新裱糊顶棚，整修地面，将大门脸油饰一新，将幌子和牌匾收拾得醒目鲜亮。

杨瑞林踌躇满志，胸有成竹，当聚元号弓箭铺披红挂彩在一挂爆竹清脆的响声里大开店门时，聚元号便翻开了历史新的一页。

第三节

清朝弓箭制作的管理

众所周知，冷兵器时代的弓箭属于常规性武器，对于武器的制造和管理当然不能等闲视之，任何统治者都要有一整套关于武器的管理体系。就聚元号存在的历史而言，有相当长的时间是在清政权的管理之下，那么清王朝对于聚元号这样的宫廷弓匠是如何管理的呢？

一、清廷弓箭工匠管理机构

宫廷内弓箭制作的最高管理机构是内务府，内务府的最高长官是总管大臣。论官衔级别，内务府长官一般为正二品，无定额。

慎刑司系内务府下属机关。负责满洲上三旗刑名案件的审理，惩处内务府官员、吏役、工匠及宫廷太监，审理他们的犯罪案件。轻罪鞭笞自理，重犯（徒刑以上）会同刑部、三法司审理。

武备院是直接负责制造和管理军器装备的机构，隶属内务府。设武备院卿为长官，官衔级别为正三品。在其上有兼管大臣，均由内侍卫、内务府长官兼任。武备院负责制造和管理皇帝所用弓箭、盔甲、兵仗、鞍辔、毡幄、伞盖、旗纛等。

稽查内务府御史处是清代检察内务府事务的机关。都察院中满洲御史二人兼管该处。内务府是宫廷事务的总管，稽查内务府御史处负责查核内务府进出钱粮、物件，每年照例造册进呈，又负责稽查紫禁城内的秩序。

1.活计房

活计房的职掌是接办上传和各处来文制办活计。凡有交办活计，先由活计房登档立题，交各该作制办。登记档册腾清后，年终交活计库收贮。光绪《大清会典事例》中有"雍正元年始建房库"的记载，据此推测活计房可能设于雍正元年。

活计房设立之初，除负责接办活计外，还负责稽察活计。如清乾隆七年（1742年）十月二十六日怡亲王谕："各作呈进活计先送活计房"，着总管郎中色勒等轮流查看。质量合格者呈进，不合格者返工修理。后来，造办处又设立了督催房，接管了活计房的稽察督催工作。

2.查核房

清乾隆十三年（1748年）十一月奏准设立。其职掌是勘估和核算活计尺寸做法、料工银钱。各作接办活计后，呈具副稿赴活计房校对题头，画全司押，交查核房勘核。其活计较简者，该作持赴查核房详勘做法，估算钱粮；其活计较繁者，即由该作报明查核房，该房掌稿笔帖式率同书算人等前往踏勘做法，丈量尺寸，登记清单，到署公同酌议。有例可循者按例查算，无例可循者援例比较。该作办写暂领银两、材料正稿后仍交活计房校对题头，交查核房核算相符，画全查官，该作领回呈画堂司各押，方可向钱粮库支领工料银两，开工制作。活计完竣，呈报查核房核实验收后，办理实销稿件。实销副稿、正稿办写后，均要交查核房校对核算，方能实销。

3.督催房

清乾隆十三年（1748年）十一月与查核房同时设立。其职掌是按照活计大小粗细繁简，确定完工时间，并督催其按时完工。清乾隆二十年（1755年）七月制定了督催赏罚章程，规定：承办人员限时内完工，按活计易量予记功；若逾限不完，亦按活计难易严行记过。三个月内记功过各一次者毋庸议；记过两次者，官员罚俸两个月，无品级者鞭责二十；记功两次者，官员准记录一次，无品级者应升之处酌量鼓舞。每三个月将功过查明注册，年底将功过赏罚缮折具奏。清乾隆二十一年（1756年）十二月又规定：承办督催官员、笔帖式等每二年议叙一次。

4.汇总房（汇稿处、汇总处）

清乾隆二十年（1755年）四月，由造办处呈内务府奏准设立汇总房。所有汇稿事宜归并本房办理，除现在本房行走笔帖式两员外，挑取效力柏唐阿两名，觅书写人两名，以资办理。汇总房的职掌是汇办各作实销正稿。各作独立制办的活计由各作赴活计房校对题头，经查核房核算后，由各作自行办理奏销稿件。如果由两个以上作房合作制办活计，因为各作是平行关系，不好由某作主稿，因此，在各作之上必须有一个机构来汇办各作的奏销稿件。汇总房正是适应了这种需要而产生的。清道光十九年（1839年）八月，内务府总管大臣之谕说明了各作独立承办的活计核销稿件由各作办理，各作会办活计的核销稿件由汇总房办理。谕称："至活计完竣呈报查核房核实验收后……照例限十日算妥。"各作活计完工后呈报查核房核实后办写实销副稿，复交查核房核算，说明实销稿件是由各作办写。"应会办者，各该作领得副稿，照例限五日内办写清单，呈递汇总房限五日内汇办实销正稿；仍过查核房校对后，该作乘领对题，画全堂司各押，如数销清。"这说明汇总房负责监督制约各作使用材料银两。

5.钱粮库

钱粮库设立前，于清康熙二十八年（1689年）十二月奏准刷印造办处字样红票，凡行取应用物料，开明数目，向各该处领用。清雍正元年（1723年）设立钱粮库后，由库向工部、户部、广储司六库等领取材料、银两储库备用。雍正元年七月二十九日怡亲王谕："历来造办处成造活计俱向各司院咨行红票，内开照样做给等语。想必该管处指称照样做给之语，其中恐有冒销材料等弊。今造办处既设立库房，如有应用材料俱向各处行来本库预备使用，则材料庶不致糜费。再，本处一应所做活计俱系御用之物，其名色亦不便声明写出。嗣后，凡给各司院等处行文红票内俱不必写出名色，等因。我已奏明，奉旨准行。"

同时，钱粮库还要按月发放活计用银，其中包括工匠工银、钱粮银、买办工料银等，并支放活计材料。

6.档房

档房是造办处的文书机构，雍正朝即有档房。档房的职掌是掌管造办处具奏事件，并办理本处与内务府各机构、各部院衙门、各省、各海关、织造、盐政的往来文移，登记并收贮档案。

造办处除了上述六个平行管理机构外，还有具体承担制造修理和收贮活计的作、库。从清康熙三十年（1691年）造办处迁出养心殿的谕旨中可得知，当时已有弓箭作。雍正和乾隆初期，作坊多达40多个。清乾隆二十年（1755年）三月奏准将其中二十八作归并为五作，但弓作等十作，仍各为一作。各作派库掌、催长、委署催总管理，令其专视活计，领办钱粮。

道光年间取消了弓作。

光绪年间造办处共设有十四作，其中恢复了弓作。

二、弓箭工匠的来源

一是从三旗佐领内挑选的家内匠役。清乾隆三年（1738年）五月内大臣海望在奏折中提及：从前各作学徒，数年一次在包衣三旗佐领内管领下苏拉中挑选数十名，交各作学徒。今已数年未挑，"请仍照前例在包衣三旗佐领内管领下苏拉挑选五十名，以为学徒接续"。

二是广东等督抚及三织造选送的南匠。

三是招募的民间匠人。招募的匠人当中既有南匠，也有北匠，既有旗人，也有汉人。雍正年间招募匠人每人每月给银二两。

四是从内务府各司院借用，借用工匠的来源大体亦是以上三处。

三、清廷弓作匠役的数目

清嘉庆四年（1799年）十月造办处录有《各处各作各房苏拉匠役花名数目总册》记载有匠役人数、工种、来源、族籍等。其中明确弓作：弹子匠、雕銮匠、柏唐阿，共6名。

第二章

聚元号弓箭的特色

中国人制弓造箭历史久远，据史料载，早在周代时就有王弓、弧弓、夹弓、瘦弓、唐弓、大弓等6种弓箭。汉代有虎贲弓、雕弓、角端弓、路弓、强弓，弓身多半镶有铜饰或玉饰。

那么，作为清代皇家工匠，聚元号弓箭铺制作的弓箭有什么特别之处呢？让我们来分析比较一二。

第一节

聚元号弓箭与民间弓箭的区别

就像旧时瓷器的生产有官窑和民窑之分一样，清朝的弓箭作坊也有民间作坊和宫廷作坊的区别。聚元号是老北京众所周知的宫廷弓箭作坊，曾经直接隶属内务府造办处弓作。它所生产制作的弓箭，一开始就是专门为皇亲贵戚服务。有史料曾记载封建王朝的弓箭规格：为天子之弓，合九而成规；为诸侯之弓，合七而成规；大夫之弓，合五而成规；士之弓，合三而成规。上述内容是森严的等级制度在弓箭方面的体现。帝王所使用的属于特制弓，九把弓合在一起，刚好能够围成一个圆，是对"天方地圆"一统天下的一种诠释。帝王以下不同等级的官宦及士卒，同样须按照等级的高低使用不同规格的弓。杨福喜讲，祖上聚元号的弓箭在制作工艺上特别讲究，在原材料的选择上精益求精，在为皇家服务时可以说是不惜本钱。尤其是对弓的装饰材料的使用，极尽奢华。但是，若要从弓箭实用性方面比高低，皇家的弓箭与民间普通弓箭也没有多少区别。

这是为什么呢？因为给皇家贵族所制作的这一类弓箭，其用途往往就是悬挂在主人家墙壁上的室内装饰品，有"避邪"和"镇物"的功能；也可以说是人的精神寄托的一种形式。即使不是作"壁上观"，这类弓箭的主人平时拉几下弓，无非为了锻炼体魄，修身养性；若要外出围猎，皇家贵族的弓箭也大多是做个样子。因为有众多从人相随，侍从官吏打的猎物也大多算在主人的账上。因而，聚元号的弓箭主要还是在装饰上下功夫；难怪杨福喜讲，工匠易得，画匠难求。聚元号对画匠的要求比民间作坊高得多。

即使同样是官家弓箭作坊，为兵部所制作的弓箭和为皇亲贵戚所做弓箭也有很大的差别。如果弓箭是为禁卫军所造，或者直接为卫戍部队生产，那么，当然要以实用为第一位。而为皇家所造的弓箭，虽然实用功能也不差，但是装潢方面一定要特别精心。现在故宫博物院保存的乾隆皇帝所用的宝弓，注明为乾隆帝北狩围猎时所用之物。这把弓为木质，胎面贴以牛角，再以筋胶加固，外贴金桃皮，饰以黄色菱形花纹。弓为双曲度弓形，弓梢处置牛角质垫弦（已脱落），弓中部镶暖木一块，以便于手握。弓弦以牛筋制成，外缠丝线。牛角面上镌刻满、汉两种文字：乾隆二十二年（1757年）带领准噶尔投降众人木兰行围上用宝弓在依绵豁罗围场射中一虎……

清道光三年（1823年）毅甫所制的弓，同样镌刻有文字。这把弓的制作者如果没有相当深厚的书法功底，显然是无法完成这样高标准的镌刻工艺的。

而民间著名的弓箭铺如成都的长兴弓箭铺，其制作的弓箭与聚元号在工艺上就有明显的不同。长兴号弓箭铺是由农夫武正福半路改行，拜师于提督衙门外的"骆大兴"弓箭铺门下，出师后自己另立门户创建的弓箭铺。科举时代，不单是读书人应考，习武之人若想要一个出身，也要应考。而习武之人应考的科目中，必不可少的就是弯弓射箭。清王朝三年一小考、五年一大考的武举之年，弓箭的需求量很大，于是武正福的长兴弓箭铺生意自然十分红火。但是，好景不长，随着光绪末年武举停考，长兴弓箭铺和当地的其他弓箭作坊一步步走向衰落，甚至歇业停产。民国初年，一些人士在成都组织国术馆，成立射德会。于是，长兴弓箭铺于1925年在成都西大街开始重操旧业，恢复弓箭制作。但是，因为需求量有限，生意还是略显冷清，勉强维持到1942年前后，因为没有什么销路，只好再次歇业。现在，武家后裔保存有一张祖传下来的有着140年历史的"武家弓"。这张武正福家传老弓长约1米、重约500克，弓身是由牛骨、桦树皮、竹皮、蛇皮等几种材料黏合而成，而弓弦则是一根渔线般细长的牛筋，与聚元号所传的老弓虽然同属一个年代，形制规格却有明显的差异。

宫廷的弓箭艺人与民间的弓箭艺人从手艺上说可能难分伯仲，但是从选料到制作的工序上还是有很大区别的。宫廷弓箭明显具有精致、名贵、大气的本色，而民间弓箭则更注重结实、耐用，物美价廉的特色。

第二节

聚元号弓箭铺的经营之道

"聚元号"弓箭铺的经营之道，要从杨福喜的祖父杨瑞林接手弓箭铺之后讲起。聚元号之前的历史，由于史料的缺失，我们无从得知。但是就杨瑞林接手之后而言，也是跌宕起伏，颇具传奇色彩。

杨瑞林虽然年轻，但是脑筋活泛，加之在街头摆摊做过小买卖，深谙经营之道。他明白，聚元号要想尽快摆脱窘困的局面，要想出人头地，生意兴隆，首先就得有高人辅佐，有各路朋友鼎力相助。杨瑞林接手聚元号的第一步，就是千方百计网罗人才。虽然杨瑞林囊中羞涩，但还是决定出高薪留住聚元号的老伙计沈六和周纪攀。

就说这位沈六师傅，大号沈文清，是前清的秀才出身，识文断字不说，还胸有韬略。由于种种原因，沈方没有取得功名走上仕途，却醉心于弓箭研制，可谓是筹划聚元号前程不可多得的人物。特别是沈六手底下的白活（做弓），在弓箭大院里那可是数一数二。还有周纪攀，更是弓箭大院尽人皆知的人物，人称"画活神"。经他手描绘的弓箭，就像给弓箭点了"睛"。交给他手里的白活，经他一番侍弄，那真是妙手丹青，弓上就像注入了魂魄，让人爱不释手。弓箭行里有"工匠易得，画匠难求"的说法，一拨徒弟里，也难出一两个好画活（为弓做装饰）的。

当弓箭大院的同行们听说聚元号易主的消息后，很多人瞄上了沈六和周纪攀这二位师傅。暗地里好几家掌柜的请这二位喝酒，要出比杨瑞林高一成的报酬挖走这二位。虽然说这二位对聚元号有感情，舍不得离开，可拉家带口的，不能没有银子呀！杨瑞林猜到了二位的心思，当即表示：别人给您的是工钱，我呢，工钱一个子不比他们少，额外的，到年根给你们一成的红利。杨瑞林心里明镜似的，舍得舍得有舍才有得。这二位不光是手艺好，还是聚元号的招牌啊！招牌没有了，那得要多少年才能找回来呀？杨瑞林苦口婆心，掏出心窝子挽留两位老伙计，又承诺把看得见摸得着的实惠给人家。两位老伙计看东家这么看重自己，着实感动了，终于答应留在聚元号，和新掌柜同甘共苦，同舟共济，为聚元号的发展出谋划策，倾其所能。

沈六对杨瑞林说："眼下是改朝换代的年月，客人都时兴新玩意儿。咱聚元号看家的老三样虽然说不能丢，可也得追追时髦，做点市面上少见或者没有的玩意儿。"

周纪攀说："咱们的买主都是什么人？青海、内蒙古那边的客人不用说，是有那个风俗习惯；在咱们北京城里谁买？还不都是玩家子；再有，就是稀罕咱们中国老玩意儿的洋人。咱们要鼓捣什么新玩意儿，也得打听打听这些人喜欢不喜欢。"

在两位老伙计的建议下，杨瑞林针对市场需求，经过反复琢磨，在原有制作弓箭的基础上接连开发出弩弓、弹弓、弹弩、袖箭、匣箭、箭枪等一系列产品。这些产品一摆上柜台，立马赢得了满堂彩。一时间，聚元号顾客盈门，老主顾登门拜访，新客人接踵而来。老杨家接手的聚元号旗开得胜，买卖红火起来。

杨瑞林并不满足现状，他立志要创造聚元号的辉煌，积极拓宽供销市场。杨瑞林是极有眼力的人，他发现，满街坐着洋车闲逛的外国人对中国的老玩意儿特别青睐。他就和拉洋车的朋友讲，如果有洋人让你拉着逛街，你就给拉到我们聚元号来吧，拉一位我就给你一份脚钱。拉洋车的当然乐意，跑一趟聚元号，洋人给一份脚钱，聚元号还给一份脚钱，何乐而不为？聚元号的这一做法，一传俩，俩传仨，很快在洋车行里尽人皆知了。谁不知道哪里有好处往哪里钻哪，不少拉洋车的主儿，主动上门找杨掌柜的联系，询问拉过来一位能给多少好处，洋人买了弓箭该如何分利。杨瑞林知道这些洋车夫是聚元号的"送财童子"，自然以礼相待。这么一来，造访聚元号的外国客人络绎不绝，聚元号制造的新玩意儿大受欢迎。聚元号名声远播，买卖很快就做出了北京城，不但国内的青海、内蒙古的客人来订货，就是海外也纷纷发来订单，让聚元号柜上老老少少忙得不亦乐乎。

　　要说这竞争可真是激烈。弓箭大院其他的铺子，论手艺，不见得就比聚元号差多少；论价钱，比聚元号开价低得多，可那些外国人就是认死理，非聚元号的弓箭不买。这样一来，聚元号的活儿忙不过来，可旁边的买卖却格外冷清。这让杨瑞林有些过意不去，人家嘴上不说，心里不定怎么运气哪！有道是和气生财，同行不能成为冤家，杨瑞林为这件事情还真动起了脑筋。他想：聚元号接的活儿干不过来，干吗不让同行帮帮忙呢？他亲自上门，找大院里几家铺子的掌柜，请人家帮忙，买回人家铺子的半成品，加工后，再以聚元号的名义出售；将有的铺子卖不出去的可确实是质量上乘的好弓也买过来，稍加整理修饰后，也以聚元号的名义高价销售出去了。大院里几家不相上下的铺子一点辙没有，你不想这么干，不答应把弓箭卖给聚元号，你的弓箭就换不回银子来。你的弓不给聚元号，你那玩意儿再好也是干放着，出不了手，没法子！话说回来了，与聚元号合作一点不吃亏，不用操心销路不说，交给聚元号的东西，从来就是一手钱一手货，从不赊欠，聚元号从没有亏待过同行。这样一来，大院里好几家铺子与聚元号建立了合作关系，成了聚元号的生产车间。

　　杨瑞林呢，尽管买卖越做越大，却从不店大欺客；更不在同行面前耀武扬威，始终保持低调，以礼待人。杨瑞林操持的聚元号，无论是在同行当中，还是在客人面前，口碑俱佳。

有一年，海外要举办万国博览会，有人把消息告诉了杨瑞林，希望他将最拿手的弓箭制作手艺展现给全世界。杨瑞林答应了，他从铺子里藏的老弓中挑出一把，送到了相关部门。结果，中国的茅台酒获得了金奖；中国的聚元号弓箭也获得了博览会颁发的奖状。当杨瑞林接过印着巨型火车头图案的奖状时，自然十分兴奋。他知道，这不光是一张大花纸，也是聚元号招揽顾客的招牌呢！他将这奖状镶上精致的镜框，悬挂在聚元号铺面的正面墙上，和当年乾隆帝的牌匾一样，作为聚元号的镇店之宝。这海外获奖的弓箭铺，自然成了京城里令人艳羡的金字招牌。

那一阵子，聚元号真可谓"买卖兴隆同四海，财源茂盛达三江"。当杨瑞林到了晚年，和儿孙们提起往事的时候，还忘不了那时聚元号的荣耀与辉煌。

第三章

弓箭制作与聚元号技艺

中国传统弓是由多种材料黏合而成的复合弓，其制作过程复杂，所用材料繁多，并且做工、选材都要依据适宜的季节和气候。

早期的弓箭以竹、木制成，因而考古工作者在新石器时代和夏代遗址的发掘中没有获得过完整的样本。不过从镞的出土形制和材料上分析，从新石器时代晚期经夏商到春秋，弓箭制造技艺一直在不断改进。在历代弓箭制作的积累基础上，到春秋时期，已经出现完整的弓箭制造记录。

第一节

历史文献中制造弓箭的记载

我国很多古籍对于弓箭的制造有着详细的记载，如《考工记·弓人》《梦溪笔谈·技艺》《天工开物·弧矢》《吴越春秋·勾践阴谋外传》等。其中，《考工记》一书所述甚为详尽。这部传世之作大约完成于春秋战国时期，其中"弓人"篇对于弓的材料采择、加工的方法、部件的性能及其组合，均有较详细记述；对弓箭制造中的要求和规定，以及对工艺上应防止的弊病，也进行了较为深入的解析。

《考工记》认为，制弓以干、角、筋、胶、丝、漆，合称"六材"，"六材既聚，巧者和之"。

将六材合制成弓，短时间内不可奏功，不同的工序须选不同的季节，以保证弓的质量。"凡为弓，冬析干而春液角，夏治筋，秋合三材，寒奠体。"由此可以看出，制作一张好弓，如果从原材料准备开始计算，需要二年至三年才可全部完成。

《考工记》六材包括多种材料，用以制作弓臂多层叠合的主体。干材的性能对弓的性能起着决定性的作用。

六材之干：《考工记》中注明，干材以柘木为上，次有檍木、柞树等，竹为下。用这些木材所制作的弓，材质非常坚韧，不易折断，发箭射程远。就地域而言，南方弓与北方弓在材质选择上有所不同，南方因竹子较多，因而选择竹子为干可做到物美价廉；而北方，特别是相对寒冷的东北地区，则以柘木、檍木、柞树这一类硬实木为主选。

六材之角：即动物的角。制弓人将动物的角制成薄片状，贴在弓臂的腹部（内侧）。据《考工记》载，制弓材料当中所用角主选是牛角，以本白、中青、末丰之角为佳；"角长二尺有五寸（约50厘米），三色不失理，谓之牛戴牛"，这就是最佳的角材。"牛戴牛"是形容一只牛角的价格相当于一整头牛。

六材之筋：即动物的肌腱，贴敷于弓臂的表层（外侧）。筋和角的功能相同，目的是增加弓臂的弹力，增强箭射出时的强力，使箭射出的力量更大，穿透力更强。据《考工记》载，牛筋是最常用的六材之一，选牛筋要小者成条而长，大者圆匀润泽。

六材之胶：即动物胶，用以黏合干材和角筋。《考工记》中推荐鹿胶、马胶、牛胶、鼠胶、鱼胶、犀胶等六种胶。胶的制备方法一般是把兽皮放在水里滚煮，或加少量石灰碱，然后过滤、蒸浓而成。后人世代相传的制弓术经验表明，以黄鱼鳔制得的鱼胶为上乘。弓人用鱼鳔胶粘贴弓的重要部位，即承力之处，而将兽皮胶用于不太重要的地方，如包覆表皮。

六材之丝：即丝线。将缚角被筋的弓管用丝线紧紧缠绕，使之不易折断。据《考工记》载，选择丝线须色泽光鲜，如在水中一样。

六材之漆：将做好的弓臂刷上漆，防止潮湿气体的侵蚀。弓匠一般每十天刷一遍漆，直到确认可以起到防护弓臂浸湿的作用。

古人强调做弓的选材，每种材料均有其独到的用途，选材颇为考究。比如弓干的选择分为七种，同时剖析弓干要近树心远离根部，越是颜色赤黑声音清远的弓干越佳。对牛角的选择同样很严格，要选择适宜的季节宰杀牲畜，牛角因牛体质的不同而有差异，所以不同的材料决定了弓的功能品质。

一个优秀的弓匠在做弓时要根据使用弓的人的具体情况为其量身定做，为不同身高和体型的人配置不同的弓箭。如果一个人身材矮胖、意念宽缓、行动舒迟，就要为他配备强劲急疾的弓，并以柔缓的箭配合。一个刚毅果断、火气大的人则要为他配备柔软的弓，并以急疾的箭配合。如果给性情慢的人配备柔箭缓弓，则箭速快不了，即使射中目标也无力深入，如果给一个暴躁的人配备疾弓劲箭，自然也很难命中。

第二节

聚元号传统弓制作流程

聚元号弓箭制作技艺承袭了古代双曲反弯复合弓的民族传统。聚元号制作一张弓，所用材料必须要经过相当长的时间阴干才可使用，从选材到各种半成品制作，还需要依据相应的季节要求才可以动手开工。

聚元号弓的制作工序大体分成弓的功能性白活和装饰性画活以及做弓弦三个主要阶段。其实完成白活，安装上弓弦，就达到了实际使用的功能；而画活主要是为达到愉悦视觉的目的，因为聚元号弓箭主要服务

▎聚元号工作室所用工具

于皇家，因而格外重视"画活"的技巧。一般说来，弓弦的材料主要有牛皮和棉线两种，而聚元号今天所采用的多为棉线。

聚元号弓箭制作工序可分为五个重要环节，即制胎、插销子、铺牛角、铺牛筋、上板凳。五个大环节若细分，则有200多道工序。

箭的制作步骤主要环节也是五个，即调杆、打皮、刮杆、安装箭头和安装尾羽。

聚元号制弓所需工具很简单，多为手工器具，如板凳、锯刀、木锉、筋梳子、弓枕等，有十余种。

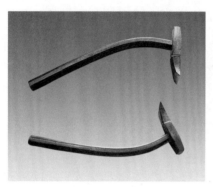

▌锛子

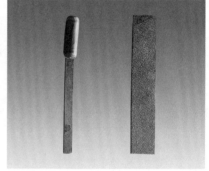

▌钢锉

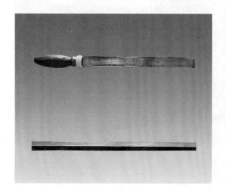

▌刮刀

▌烧锉

┃ 木锉

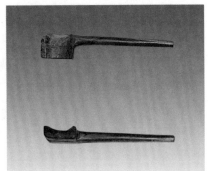

┃ 走锉

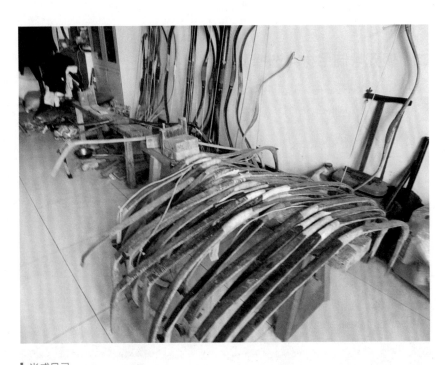

┃ 半成品弓

一、聚元号传统弓的结构

聚元号弓的主体结构：内胎为竹，竹外侧粘贴牛角，内侧粘贴牛筋，弓的两端即弓梢安装木质材料。弓体中部即执弓者把握之处称为"望把"，望把内部为木质材料，称为"望把木"。弓两端介于弓身与弓梢之间弯折的部分被称为"脑"或"脑脖子"，其内侧为"筋窝子"。木质弓梢的头部配有牛角质的"梢头"，在"梢头"与弓梢衔接处开有一凹形口，称为"扣子"，起挂弦之作用。弓梢外侧粘有小块牛角，称为"垫子"，用以垫弓弦。此外，"梁子"（指安装在弓面上的两条牛角中间的部件）由鹿角及外部包住的牛筋和桦树皮组成。

二、聚元号制弓材料选择及加工

1.竹子

要求竹竿粗壮，结实，采伐以后要经过一年时间阴干。一般而言，赣南地区的竹子比较适宜。通常以敲打竹子听其声音来评比竹竿的优

竹子

弓胎

劣。上下两端粗细不匀或中间部位有虫眼的竹子都不能用。在购买竹子时，所需数量要考虑运输和使用时的损耗。

2.牛角

　　制作一张弓一般要用两支水牛角，水牛角的长度最好选择在60厘米以上的。目前聚元号所用牛角大多来自湖北地区。杨福喜一般托人代购，因而到他手里的水牛角究竟是何时割下以及是否成对，均很难判断。杨福喜在使用时，只能根据其大致的长短和粗细程度来选择。

▎牛角

3.牛筋

　　制作弓体中非常重要的弹性材料，主要取自牛背上紧靠牛脊梁骨的那块筋。牛筋买回后须放在室外风干，风干到八九成以后，要用粗湿布将其裹住。接下来，还要将牛筋砸劈成条状。如果有传统的石碾，可放

牛筋

在碾子上碾压，如果没有石碾，只能用木槌完全依靠人工慢慢砸；砸的力量不可过大，还不能过猛，要一下一下地慢慢砸。如果力量太大，会把牛筋砸碎，只有慢慢砸才可以将牛筋砸劈。砸完之后，可看到筋被劈成一条一条的状态。然后，一点一点地撕筋条，撕成一丝一丝的。

4.鳔

鳔是东四弓箭大院的工匠对粘贴各种材料所用动物胶的统称，是传统民族弓箭制作不可或缺的关键材料。鳔的质量是直接影响做弓水平的关键因素。一张弓所需的鳔的量很大，弓匠行内有"一张弓，四两鳔"的说法。

弓箭行业中最早使用的是鱼鳔，鱼鳔是弓箭制作中很好的粘贴材料。

鱼鳔的制作方法：首选是大黄鱼的鱼泡。先将鱼泡用清水洗净，然后再用温水泡，使鱼泡涨开。泡过一段时间以后，将鱼泡放置容器内，再用慢火熬。待鱼泡熬到一定程度以后，捣烂成糊状，然后过滤，以除净渣滓及硬块。使用时，要加一些热水稀释。

鱼鳔虽是弓箭制作行业中首选的黏合胶，但如今杨福喜所用的却是猪皮鳔。按照他的说法，鱼鳔停用快有100年了。

制作猪皮鳔的方法：先将猪皮用碱水洗净，然后用文火慢慢熬煮。煮到一定火候时，用筷子轻轻戳一戳，以一戳就能穿透为宜。之后，把猪皮放在锅里捣烂，继续熬至糊状后，进行过滤，弃掉其中的渣滓及硬块，阴干后切成条即告成功。使用时，按照需求用热水调节其浓度。

　　杨文通回忆当年弓箭大院的情景时说，当时有专门做鳔的鳔局，为大院所有弓箭铺提供鳔。"我们那时做出口（主要是蒙古国）活儿的时候，有专门给我们家做鳔的。前几年我到北京一个鳔厂去买鳔的时候，看到一个看门老头，现在怎么也得有80多岁了。他是真正砸猪皮鳔的。他们那时用来砸鳔的铁锅子比我们这儿的正规，一个锅子就是30斤。他们砸鳔时一锅鳔就是10斤。那时候我们院里的那两家鳔局，他们的伙计吃得最好。你不给他们吃好的，他就干不动活儿啊！砸猪皮鳔的每天都能吃上炸酱面。"

5.制作弓弦

　　弓弦通常有两种，一种是牛皮弦，一种是棉线弦。牛皮弦是用牛皮编成麻花绳，类似于农村驾驭马车时用的牛皮鞭。牛皮弦的特点是结实耐用，是作战所用弓的必备弦。

　　聚元号所做的弓注重弓箭的装饰，力求美观，所用弓弦多配以棉线弦。

　　制作棉线弦方法：首先，要把弦架子调节好，使其两个弦刀之间的长度合适。然后把白棉线套在两个弦刀的钩子上。套多少圈取决于弓力的大小，如36～45斤的弓，须套25圈；45～54斤的弓，要套35圈；90斤的弓，则要套80圈等。套完之后，还要调整一下整个棉线束，使其整齐，并把棉线的头尾相接。把线车子上的彩色棉线横向一圈接一

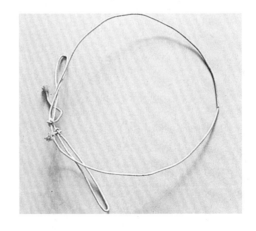

▌弓弦

圈地缠绕在白棉线束上。无论是哪种缠绕方法，每一圈都要紧紧相连。

杨福喜现在所做的弓弦是用丝线制成的。过去射箭所用的弓通常是用线弦，只有练气力才用牛皮弦。线弦打磨得比较光滑，才不会给射箭带来太大的误差。

6.漆料

主要用于装饰的画活材料。以前的弓箭饰色以油漆、桐油、油彩为主，现在可选择的漆料品种较多，以不褪色、耐摩擦为佳。

第三节

聚元号箭的制作工艺

在清代末期北京东四的弓箭大院里，聚元号的弓和天元号的箭是齐名的。据杨文通回忆，天元号的做箭工序细分起来有200多道，做箭师傅专门备有一个称量箭重量的"戥子"。无论做出多少支箭，同型号的箭重量都相同。而且，最令人叫绝的是，每一批箭的重心点都在同一个位置，不管是做100支箭或做更多。箭杆的中心点与重心点的间距有一定的规矩，最长不能超过6厘米。

▌装有箭头的箭杆

那时箭头都是从铁匠铺订购的，买回后自己还要打磨细作。杨文通的妻子是聚元号后期做箭的师傅。传统箭的制作工艺如下：

1.做箭杆

　　做箭杆的材料为六道木，六道木为灌木，多见于山麓的阴面。杨福喜采用的六道木来自北京西山的门头沟深山区。通常以春季砍伐的六道木为好，夏秋季采伐的容易出现裂纹。采购回来的六道木很多不是笔直

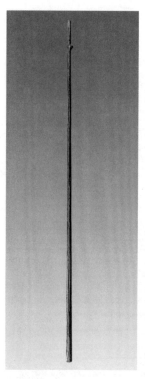

▌箭杆

▌烤箭杆

▌箭制子

▌箭端子

的，有弯度的木杆需要矫直后才能使用。矫直方法是：先用火烤热弯曲的部位，然后用箭端子加以矫正。一手持箭端子，一手持箭杆，把受热的弯部嵌在箭端子的凹槽里，然后两手用力夹，反复多次，便可使箭杆矫直。

2.刮杆

这是做箭的关键步骤。首先"糙刮"一下，也就是进行粗加工。"糙刮"之后需要放置至少一天，然后再进行"细刮"，即用齿略低的线刨子细加工。刨箭杆时，手的感觉很重要。刨出的箭杆中部略微粗一些，两端稍细，接近箭扣处要略微粗。这种粗细的差别很小，仅凭眼力观察几乎看不出来。要用手掌轻轻地来回抚摸，久了才能感觉得到，也

▌整理箭杆

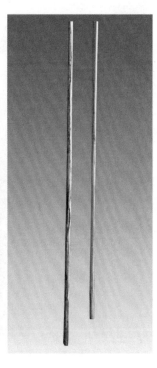

▌刮皮后的箭杆

就是熟能生巧。这种箭，旧时称为"掏裆子乍扣"箭。由于每一支箭杆的粗细不均匀，因而无法用机器进行大批量加工。

3.箭头

　　箭头是专门到加工铁器的工厂里定做的，呈圆锥形，类似于毛笔头，故常称为"大笔头"。箭头尾端能套在箭杆上，就是现在常说的"头包杆"。这种箭头的制作方法约在20世纪40年代末期开始使用。之前所用的一般是"杆包头"，即箭头尾端有一铁铤能插入箭杆里，且对铁铤的长度还有一定的要求，至少要比露在外面箭头的尺寸要长。按旧时的说法，如果兵部官员拔出铁铤，观其长度不合格，就要拿工匠问罪，工匠甚至有掉脑袋的危险。

▌箭头

4.箭羽

　　箭羽的作用在于保持箭杆的平衡，旧时材料以雕翎羽为主，雕翎为上品，其次为天鹅翎，再次为猫头鹰翎毛，次于猫头鹰翎的还有大青雁的羽翎。现在这些野生飞禽大多被列入国家保护动物之列，因而箭羽材料只能选择人工养殖的鹅毛；鹅毛还要选择品种，杨福喜选用法国品种的鹅毛，因为中国鹅的翎不够长，影响扇风，而法国鹅的羽毛扇起风来比较硬。选择羽毛的方法是先把鹅毛从中间撕开，然后取出3片放在木板上浸湿，剪成同样的大小，这道工序称为"拓翎子"。然后，把3片羽毛粘在箭杆尾部。粘贴第一片时选好位置，使其刚好处于箭扣搭弦的平面上，其他两片均分粘贴。

▌聚元号箭所用羽毛翎子

▌箭羽

检验箭杆—1

5.花裹

在紧连箭头的箭杆大约5厘米处，用蛇皮或沙鱼皮包住，名曰"花裹"。其目的有二：一是起到加固"杆包头"箭里的铁铤的作用；二是由于射箭时箭杆的前端要搭在弓把处，经常使用会损伤箭杆，包上蛇皮可起到保护作用，减少磨损。

检验箭杆—2

▌聚元号制作的箭杆

▌聚元号制作的半成品箭

第四节

聚元号弓的制作工艺

聚元号弓的制作主要分为制作弓的主体过程的白活；对做出的弓进行装饰性工作的画活；以及做弓弦等工序环节。旧时弓箭铺里的伙计们做弓有一个不成文的规矩，即做白活的工匠不能做画活；做画活的工匠不能干白活。这其中的缘由主要还是技术方面的保密，不至于因为工匠的辞别而带走制弓的全套技艺。这与其他手工艺行业有相似性，是为了保护本门的手艺不外传。杨福喜的祖父和父亲因为聚元号是自家作坊，因而手艺的传

▍杨福喜在制作弓胎

承不存在障碍，杨福喜也因为投身这一行当而继承了聚元号的衣钵，从而得到祖父和父亲毫无保留的真传。

一、白活的工艺

1.制作弓胎

第一步：砍竹胎。所用竹子要经过淘选，要用至少阴干一年以上的。

制作弓胎—1

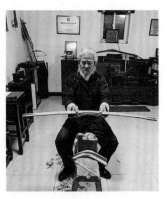

制作弓胎—2

制作弓胎—3

制作弓胎—4

制作弓胎—5

制作弓胎—6

▌制作弓胎—7

▌制作弓胎—8

▌制作弓胎—9

▌制作弓胎—10

▌制作弓胎—11

第二步：锯掉前后粗细不均匀的两端，选用中间比较平直的一段。锯出长约128厘米、宽约3厘米的一段。

第三步：弯竹胎。将砍好的竹胎准备折弯的部位用文火烤热，用力弯曲竹胎，使其形成一个竹皮面在外的圆弧形。旧时多用炭火烤，现在则使用煤气。

第四步：固定竹胎。竹胎圆弧形初步弯成以后，将它支撑在门与地面之间，也可采用其他支撑方式，目的是固定其弯曲的形状。需要保持其相应的弯度，一般要固定24小时左右。

2.做弓梢

弓有长梢弓、短梢弓之分。弓梢的长短是区别一般传统弓类型的简单标志。

▌弓垫

▌弓拿子

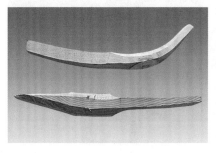

▌弓梢

▌弓梢头

▌杨福喜在制作弓梢

▌制作弓梢—1

▌制作弓梢—2

聚元号弓的弓梢有多种类型，有制作各种弓梢的模板。按模板图样把木料砍成有一定弯度的四棱柱形。旧时制作梢子的材料多是从山上直接采下的"山木"，现在一般由普通的榆木代替。梢子的长度大约为弓身长度的1／4。

3.做望把

望把是衬在竹胎内侧表面的中间以方便用手把握的部位。旧时做望把的材料多用山木（一般指从山崖上长出来的带有一定自然弯度的木材），现在大多为榆木所代替。望把的砍制要以适宜用手把握的形态为标准，做到这一点很不容易，一般以工匠手形为参照物，亦依据使用者手形大小做出相应调整。

▌杨福喜在制作望把

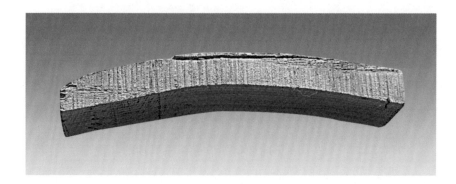

▌望把—1

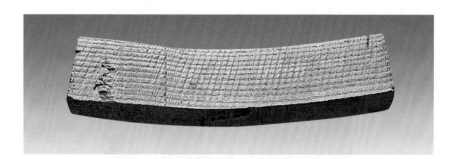

▌望把—2

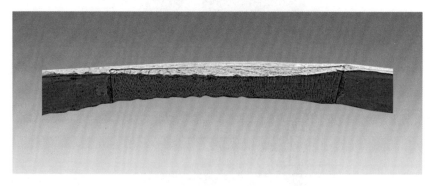

▌贴好的望把

4.勒望把

在竹胎子的内表面距正中间约4厘米的地方砍制一块放望把的地方。砍的深度大约是整片竹子厚度的一半。工匠用锯和锛子砍出其初始形状，然后用木锉锉平。把提前熬制好的猪皮鳔加水用火温热，令其软化。猪皮鳔软化及稀释的程度以能在鳔中立住鳔刷为准。然后分别在竹胎粘望把处及砍制好的望把木上刷两遍鳔。稍干后即可把它们粘在一起。为粘得牢，要使用压马及走绳等工具。先把粘在一起的望把连同竹胎放在压马待压处，然后用走绳把它们牢牢地捆在一起。勒好后，至少要放置一夜也就是十几个小时。

5.插梢子

先在竹胎子的两端根据梢子末端的锥形长度及形状画好要锯出的"V"形槽的大小，然后用锯锯出。锯好后用梢子末端插进去试一试大小，看两个梢子插进后梢子头是否与整个竹胎子在一个平面上。这个步骤非常关键，它直接关系到做出的弓是否合格。当查看到有不合适的地方时，可用木锉矫正"V"形口的大小及梢子的形状。合适后，分别把它们刷两遍猪皮鳔粘住。

6.刮胎子

指对弓胎的处理方式。首先要用锛子和木锉把竹胎处理到合适的宽度，然后把竹胎的边缘锉平滑。搁置一天至两天后，将捆在望把上的绳子解下，用锛子砍望把的两侧，然后用锛子进一步修理望把的形状，使其中间粗、两头略显扁平，以方便攥握。

7.弯弓

用微火烘烤弓胎子，适时用水浇一下弓胎。脱离火烤以后，用手臂弯弓胎子，使其弯成更平滑的圆弧形。如需要制作力量较大的重弓，弧度可适当加大。也可把弓胎子放在地面上或压马上用力使其弯曲。检验插上梢子的弓胎是否平直，则需要凭借工匠的眼力。

8.锯牛角

　　把水牛角的外弧侧面锯下。一张弓正好要用到一头牛的两支牛角。两支牛角用在弓胎上的只有很狭窄的两细条，剩下的大部分没有用，只有个别粗的地方可以当作两个扳指的材料。历史上东四大街弓箭作坊中有专门处理牛角的师傅，所用锯锉等工具也是特制的。当年弓箭大院锯牛角最有名望的是"面子许（许姓师傅）"。

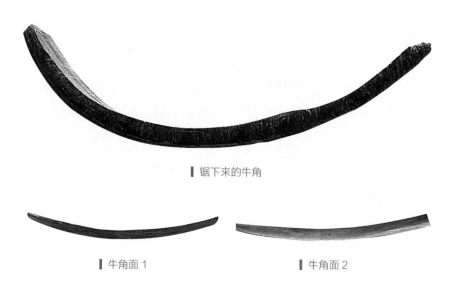

▍锯下来的牛角

▍牛角面 1　　　　　　　　　　　　　▍牛角面 2

9.磨牛角

　　锯下来的两块牛角面磨平后才可粘贴到弓胎上。旧时磨牛角完全靠手工，是很消耗体力的工作。现在杨福喜使用的是电动砂轮，省力而快捷。牛角面的里外面均要打磨，特别是牛角面的里面务必打磨好。牛角面磨到约3毫米厚便可使用。磨好的牛角面还须放在微火上慢慢烤一下，待烤到牛角面变得非常软时，就算到火候了。然后，将牛角面放在地面上踩踏，或用其他重物平压住牛角面，使其变得平直。

10.撕面子

　　将已经加工平直的牛角面放置在
大板凳上，按牛角面内侧向上的方向
摆放，用勒具在牛角面上划出一道一
道的条纹。主要目的是使牛角面涂上
猪皮鳔以后与竹胎子粘得更为牢固。

▋勒牛角—1

▋勒牛角—2

▋勒牛角—3

▋勒牛角—4

▋勒牛角—5

11.撕胎子

用木锉在弓胎子的外弧面的两端接近脑脖子处分别锉出一道横槽。待牛角面的尾端刚好能嵌入此处时，再用勒具把弓胎子的外弧面同样划出一道一道的条纹。

12.配面子

将牛角面的靠尖部位铺在弓胎的中间，牛角靠根部位铺至靠弓端。必须要分清前后端，反铺不行，因为牛角尖部位一侧硬度较大。旧时弓箭大院里的师傅们每次是同时做几张弓，杨福喜说："如果你订10张，我们得做12张，很难可丁可卯。"很多弓同时作业时，更需要配置好面子。牛角面若比弓胎子宽，用绳子一勒，牛角面中间受力过大就会鼓起来，就可能将牛角面破坏。对于宽大的牛角面要用锯和木锉使其达到合适的尺寸。在弓胎子的正中间部位即放置望把的背侧，要留出一块至少长约4厘米的空隙，也可依牛角面的长短适当加长，用于下梁子。

13.勒面子

首先，把一些细绳子放在水里浸泡备用，同时把猪皮鳔用火温热，然后分别在牛角面内侧面和竹胎子的外表面刷两遍鳔。所用的猪皮鳔的浓度相对要高，用量比较大。杨福喜说："一般的木工不敢像我这样用鳔，你看我用的鳔这么稠，用得也多，要不说我这一张弓的鳔能做一套组合柜，用鳔量很大。"旧时，这个活儿要用体力好的伙计，因为这属于重体力活儿。勒不结实会直接影响到弓的整体质量。

14.下梁子

梁子是指要安装在弓面上的两条牛角面中间的部件，其材料最好是用鹿犄角。若用水牛角必须要选用牛角尖部位，因为牛角尖部位比较硬实。把做梁子的原材料按照所需大小用锯锯下，然后按粘贴其他材料的方法把梁子粘上。粘时与牛角面间不能留下任何缝隙，不然张弓时这个地方就会鼓起来。这道工序看似简单，但大意不得，一定要粘到位，这是一把弓能否做成功的很关键的一步。

15.磨面子

先用砂轮磨梁子。经过打磨的梁子外表规整光滑，其厚度要比牛角面厚一些。然后再磨牛角面，牛角面的打磨程度要根据所选用的牛角的薄厚及所设计弓的力量而确定。一般没有规定具体的尺度，完全要凭师傅们自己把握。打磨时，可用手掌感受其所磨面子的光滑度。这时所磨程度还是个大概，在铺完筋后准备上弦前还要进一步打磨，那时就是更细致的活儿了。

16.挖胎子

这道工序要等到用于粘望把及梢子的猪皮鳔阴干后，一般在上道工序结束一天到两天后，然后再进行。首先，要把捆在望把上的绳子解下，然后用锛子把竹胎子上的竹节砍掉，接下来用大木锉把每一个竹节处及竹胎的边缘锉圆滑，再用木锉打磨望把。用锛子砍出脑脖子的初步形状，然后用木锉锉，使其形成一个脊形。此处叫脑脖子或筋窝子，是弓梢子与竹胎连接或铺筋铺到的位置。

17.铺筋泡筋

把牛筋泡在水里，泡的时间越长越好。

18.尝鳔

用舌尖尝试。不是尝它的味道而是品它的温度，这是弓箭行最关键的一步。铺筋用的猪皮鳔与粘贴其他材料所用的浓度和温度不同，这直接关系到铺筋是否成功。此处所用猪皮鳔的浓度要较其他部位稍微小一些，用刷鳔的刷子蘸着鳔以能刚好滴下为宜。温度也是一个非常关键的因素，如果鳔的温度过高，会把筋烫得失去弹性，过低又会影响黏合的牢固度。师傅们用舌头尝试鳔的热度，以不觉过烫为好。

19.梳筋

先用温水将筋板浸泡一下，浸泡时筋板要平放。把一束筋放在鳔锅里浸蘸，令其能够充分地蘸上鳔。然后，把它们平放在筋板上，用筋梳子把其梳理平整，使每一根筋丝都充分展开。

20.铺筋

　　根据筋的长短确定需要铺几道筋，铺第一道筋时要从中间开始，然后再向其中的一端铺去。待先铺完的筋经过一两天的时间阴干以后，再去铺另一端。这样，在继续操作时就能把握已经干的一侧。铺完筋后，要检查一下整个弓的形状有没有变化。铺筋的层数直接关系到弓力的大小。普通的弓至少要铺三道筋。如要准备制作弓力很大的弓，就要相应地多铺几层筋，如45斤的弓要铺5层，54斤的弓要铺6层，64斤的弓要铺7层，73斤的弓要铺8层。还要考虑到天气的情况，天热时，每一层筋铺得要薄一些，适当增铺几层；天冷时，每一层可铺得厚一些，适当减铺几层。

 铺筋—1　　　　　　　　　　　铺筋—2

21.缠望把

用筋横向缠住望把，把牙子和梁子都包进去，目的是增加望把的耐用强度。包上的筋要尽量平整，不然筋干了后还得锉，很容易把筋锉断。

22.上弓挪子

弓体要上火烘烤一下，应达到有些烫手的程度，这样可以使弓体柔和一些。接下来，将一个弓挪子的一端与弓体的一端系在一起，并轻轻压下弓体，使其刚好落在弓挪子的弧槽中，再把它们系住。按同样的方法，系上另一个弓挪子。上弓挪子的过程不能过急，要慢一些，因为初次将弓体反曲到如此大的变形，稍有不慎，就会前功尽弃。

23.上板凳

把带有弓挪子的弓体放在大板凳上，并先用绳子把弓体在望把处与大板凳绑紧。

▌杨福喜在上弓

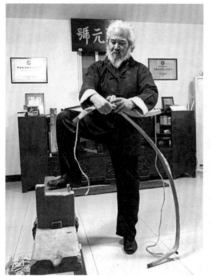

▌上弓—1

▌上弓—2

▌上弓—3

▌上弓—4

┃ 上弓—5

┃ 上弓—6

┃ 上弓—7

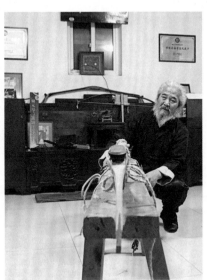

┃ 上弓—8

第三章　弓箭制作与聚元号技艺

▋上弓—9

▋上弓—10

▋上弓—11

▋上弓—12

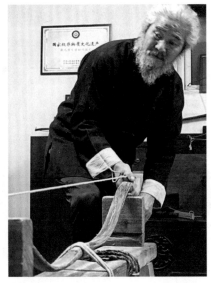

上弓—13

上弓—14

24.上弓枕

　　把两个弓枕分别枕在大板凳上弓体的脑脖与板凳之间，可使弓体发生较大的反曲变形，弓箭行内的说法叫"起一层垫"。上完弓枕后，解下弓挪子。解下弓挪子时要特别注意，双手要同时解下两根靠在弓体中

弓枕

间部位的系在弓挪子与板凳上的绳子，无论是多软或多硬的弓要同一时间"放劲儿"，这是规矩。

25.爬板凳

刚解下弓挪子时，弓体的两个弓臂之间的弧度可能不完全一样，这时就需要进行修理：先用板锉锉弧度比较小的牛角面，这是慢工，锉时要一点一点来，掌握好锉下去的力度，不能一次锉得太多，否则弓的一侧被锉下去，另一侧就可能会翘起来。与此同时，还要用双手按一按两侧的力量是否相当。锉得差不多时，再用细锉找一找不太满意的地方。

26.起堑

爬完板凳的弓会再起一层堑。起完堑的弓，弓体的形状可能又会发生变化。还要查看两边的弓臂弧度是否相当。若有问题，还要用锉继续修理一下。

27.粘弦堑

在离牛角面约一寸长的地方用锉锉出一块平平的地方，这叫制作堑盘。然后把弦堑用鳔粘上。弦堑的高度没有具体的尺寸，完全凭借师傅传授的经验而做。这道工序一定要做到上弦后不会使弦支得太高。粘完弦堑之后，就可以下板凳了，把弓枕子和系在板凳上的绳子解下。

28.开扣子

在牛角头与木弓嵌接的接合部位，用木锉锉出一个小斜开口，作为能挂住弦的位置，此处称为"扣子"。

29.上绷弦

第一次上弦要在大板凳上进行。把弓的望把处与大板凳系在一起，枕上弓枕，再起一层堑。然后把绷弦（试弓弦）挂上，弦的长度要根据挂在弓上是否合适做相应的调整。弦的两头系出一个套环，套扣要刚好落在弦堑上的凹面处。挂上弦后，用手指弹一弹弦，听一听弦的声音，再看一看弓的形状。如声音不太清实，说明弦还有些长，再继续把弦往

▌挂上弦的弓

▌弦扣正面

▌弦扣背面

短处系，用此方法直至调整到合适为止。

30.鞔撒弓

用板锉锉弓体的牛角面，主要是锉弓脯的部位。这活儿不能着急，是一个细活儿，工匠需要一点一点锉，慢慢来。锉牛角面的时候，还要查看弦与望把之间的距离，以及两个脯距弦的距离。弦与望把的距离按行规要求，是一拳并伸直大拇指再距一寸的高度比较合适。这个距离越小，越难以拉开弓。每一张弓都要保证弦能同时离开两个弦塇。通过尺量、眼观、试拉来查看锉得是否到位。试拉时，放弦后听到的应是一个声音，即放开的弦能同时击打两个弦塇而引起的声响。

31.包望把

包望把之前，先用锉锉一下粘在望把上的鳔的硬块。用尺子测量出弓体的中心，并用手指支住弓体的中心，检验弓体是否平衡，如不平，必须找出其中的平衡点。量出所要包住的望把的宽度，然后裁下相应大小的软木纸。软木纸用之前要刷一层鳔，鳔干了没有关系，待用时用火烤一烤即可，边包边用"烫锉"熨烫软木纸和外表面，通过受热使其粘得更牢固。以同样的方法，在软木纸的两个外边粘上两条鲨鱼皮。

32.包梢子

高档次的包梢子材料是鲨鱼皮。现在鲨鱼皮不易买到，一般多用蛇皮代替。经过处理的蛇皮很薄，要提前在蛇皮上刷好鳔，待使用时要将蛇皮烤热，并加湿，使其柔软一些，以便粘得平整。粘时也要用平锉把它烫热，便于粘得结实。

33.贴桦树皮

用桦树皮来贴住弓背其余的部位。现在所用的桦树皮多出自东北大兴安岭一带，从生长中的桦树上取下的皮最好用，取皮的时间要选择每年6月20日左右为佳。当然，取树皮应征得林业部门的允许。取树皮也有方法，要一层一层地往下扒，直至最薄的一层。否则，即使贴上桦树

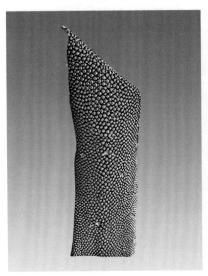

珍珠鱼皮

桦树皮

皮，桦树皮本身还会慢慢起层，那就会影响整个弓的美观。要注意桦树皮的纹理，要按纹理往弓背面上贴。还要选用一黑色的细条状桦树皮贴在弓身的侧面边缝处。

34.贴花

　　用处理过的一种纸（类似于现在的不干胶）贴出图案来。旧时，人们多从市场上买来糊窗户的纸，俗称"本田私纸"或"毛道纸"。在纸背面涂上胶，再刷上各种颜色的油漆，干后待用。用时，再涂上一层胶。根据过去的风俗，可贴出几种花样，如：弓把处的"把鱼儿"，弓臂中部的"腰鱼儿"，弓脖处的"脑鱼儿"等。还可以加"五道线分水"（黑、白、黑、白、黑）、"分三朵儿"、"堆山子"等。由于旧时不用清漆调颜色，全部用桐油，而画活的师傅们全凭手指往弓体上搓，以致由于长时间的劳作，他们的手指变得很粗糙。

▎黑色油纸　　　▎绿色油纸　　　　　　▎棕色油纸

35.洗活

　　这是整理环节工序，其目的是将贴在弓体外表面多余的鳔胶洗掉。传统方法洗活一般采用桐油清洗。

二、画活工序

　　画活主要是对已经完成白活的弓体进行装饰。一般工匠对画活可繁可简，依个人喜好而定，但是聚元号弓箭铺过去主要服务对象为宫廷的皇亲贵戚，因而对装潢格外讲究，画活要求和标准很高。

　　作画前的画活工序一般分为刮、磨、抛光等几个步骤：

　　刮：指用刮刀刮磨整个牛角面，牛角头同样要用刮刀做同样的刮磨处理。

　　磨：用刮刀刮磨之后，再用砂纸细磨牛角面和牛角头，磨到满意之后，再拉开弓试一试，看是否影响开弓。

　　抛光：这是最后一道画活工序。现在有抛光机设备，可在机器上抛光。旧时没有抛光机，完全凭借手工抛光。具体方法是用刮下牛角面的角丝混合香灰，用这种混合物在牛角面上慢慢推磨。这种工作方式，经常能够感受到手掌很热很烫。杨福喜说："这也是一个很累的活儿，听说我大爷曾因磨100张弓而累得吐了血。"

在做好画活的刮、磨和抛光等基础工作之后，即可以在弓的表面上作画了。对所画图案没有具体要求，画工可以根据客户的身份与需求进行创作，可以千变万

弓上画活

化，但是万变不离其宗，其不变的宗旨是画活一定要表现出具有吉祥富贵意义的图案。

凡图必有意，有意必吉祥。后来约定俗成，人们称这些为"吉祥图案"。吉祥图案利用象征、寓意、表号、谐音、文字等手法，以表达其含义。

（1）象征。根据花草果木的形状、色彩、功用等特点，表现特定的含义。例如：石榴内多籽实，象征多子；牡丹花被称为"国色天香""花中富贵"，象征富贵；葫芦和瓜瓞（小瓜为瓞）、葡萄、藤蔓等象征长盛不衰，子孙繁衍。

（2）寓意。多与民俗或典故相关。如莲花象征清净纯洁，菊花、桃子寓意长寿。

（3）表号。以某物做特定意义的符号，如佛教的八种法器——宝轮、宝螺、宝伞、宝盖、宝花、宝罐、宝鱼、盘肠是吉祥的表号，称为"八吉祥"等。

（4）谐音。借用某些事物的名称组合成同音词表达吉祥含义。如用

玉兰、海棠、牡丹谐音玉堂富贵。用五个葫芦与四个海螺谐音表示五湖四海等。

▌弓上图案—1

▌弓上图案—2

▌弓上图案—3

▌弓上图案—4

▌弓上图案—5

▌弓上图案—6

▌弓上图案—7

▌弓上图案—8

▌弓上图案—9

（5）文字。如宫廷纹样中常用万字、寿字、福字。"百事大吉祥如意"七字作循环连续排列，可读成"百事大吉""吉祥如意""百事如意""百事如意大吉祥"等。

聚元号保存至今的道光年间的老弓画工图案亦是如此，有"暗八仙"、"万不断"、"蝙蝠"等图案。能够掌握画活的全部工序不一定就能出色地完成弓的装饰工作，这需要画工要有一定绘画基础和在弓上作画的技巧，在某种意义上讲，当画工还要有一定的天赋。

第五节

"三年成弓"的由来

专家讲，制作一张弓的时间大体需要三年。这"三年成弓"的说法从何而来？从史籍上看，出自刘向《列女传》中的记述："晋平公使工为弓，三年乃成。"

东周时期，中国复合弓的制造技术已臻于成熟。成书于春秋战国时期的《考工记》中有"弓人为弓"一篇，对制弓技术做了总结，对材料的选择、加工的方法、部件的性能及其组合均有较详细的记述，对工艺上应防止的弊病，也逐一进行了分析。

在制弓作坊中，由于各项工作可交错进行、流水作业，因而每年都会有成批的成品弓完成，但就每一张弓而言，其工时是无法缩短的。相传晋平公命工匠制弓，三年乃成，射穿七礼（七层皮甲）；宋景公令弓匠制弓，弓匠殚精竭虑，弓成身亡。抗日战争时期，谭旦对四川成都长兴弓铺的调查研究显示，从原材料的准备到一张弓的完成，跨越了4个年头，较《考工记》所述还有延长。

中国古代制弓术所遵循的基本原则是"材美，工巧，为之时"，《考工记》称之为"三均"。古人十分看重自然的法则，强调"有时"。譬如，寒冬时，将弓置于一种专门的模具即古称"排檠"的弓匣之内，以固定其体形。冬天剖析弓干，木理自然平滑细密；春天治角，自然润泽和柔；夏天治筋，自然不会纠结；秋天合拢诸材，自然紧密；

寒冬定弓体，张弓就不会变形；严冬极寒时胶、漆完全干固，故可修治外表，春天装上弓弦，再藏置一年，方可使用。

这一方面说明古人在制弓上顺应了自然界荣衰丰杀的规律，不破坏自然物生长的环境，以保永续利用，强调"斧斤以时入山林"；另一方面则是为了充分利用自然物的季节特点，以使弓"为之时"，达到物尽其美。

第四章

难忘的历程

从杨瑞林接手开始，聚元号至今已具有100多年的历史；这百年的酸甜苦辣，悲欢离合，在爷爷和父亲的絮叨中杨福喜一点点记在心中。当笔者在与杨福喜交谈时，杨福喜的言谈中总免不了流露出对早年聚元号的向往，道出这个京城弓箭铺令人感慨的往事。

<h1 style="text-align:center">第一节</h1>

<h1 style="text-align:center">最艰难的岁月</h1>

都说上下一条心，黄土变成金。1911年，聚元号弓箭铺在杨瑞林接掌以后，在铺子里男女老少的共同努力下，凭借自身的手艺和产品的上乘质量，不但打开了京城的生意，赢得了众多长期用户，还走向了全国，订单接踵而至。然而，好景不长，正当杨瑞林踌躇满志，准备扩大聚元号的铺面和规模时，震惊国人的"九一八"事变爆发，大批东北同胞流亡到了北平。民族的危亡关头，社会动荡，聚元号弓箭铺生产的弓箭虽然还有一些销路，但生意已经明显在走下坡路。

要说聚元号弓箭铺最艰难的时光，那应当是20世纪三四十年代。

1937年卢沟桥事变以后，北平城沦陷，社会动荡，民不聊生，对于聚元号来说，无异于一场旷日持久的大劫难。很多订单因故取消，外地业务因为战乱而大部分中止。聚元号生意惨淡，到了难以为继的地步。

所幸的是，杨瑞林人缘不错，结交面广，遇到困难，赶上迈不过去的坎时，总有朋友相助，用杨瑞林的话说，"天不灭聚元号"。正当聚元号濒于关张歇业的时候，一家贵族女子学校成立了一个射艺馆，这个学校的主事与杨瑞林是朋友，便提出到聚元号订货。聚元号名声在外，这家学校的校长也是有所耳闻，当看到聚元号送来的样品时，就更没有二话可说了。有了这笔不算很大的订单，也让杨瑞林一家多少有了一点进项，勉强维持住了聚元号的生计，好歹没有关张歇业。就这一点，让杨文通到了晚年还是念念不忘。

还有一段时间，聚元号铺里实在没有什么进项，家里那点老底子坐吃山空，一家老小大眼瞪小眼，眼看就要山穷水尽，一些有情有义的朋友看不过去，便时不时地接济老杨家。今天你给二升米，明天我送一盆棒子面，让依靠聚元号度日的男女老少勉强还有一碗粥喝。那年月，杨瑞林一提就寒心，虽说没有饿死人，可经常是家无隔夜粮，吃了上顿没下顿，天天揪着心。

当时，杨瑞林夫妇已经育有二子一女。因为兵荒马乱，女儿有病无钱医治而早逝。长子杨文鑫懂事早，年纪不大就知道替家里操心，无论铺子里的买卖销路还是家里的琐碎小事，全由他跑前跑后，忙里忙外。次子杨文通，杨瑞林本想让他多读几年书将来考取个功名什么的，可读了一年中学以后，家境日渐艰难，杨文通便休学在家帮助父亲制作弓箭。当时铺子里的老伙计年纪大了，动动嘴还可以，若要身体力行，确实年纪不饶人。特别是在弓箭行，你要制作多少劲儿（弓箭业行话，指拉开弓所需的力量）的弓，首先弓匠自己得拉得开，年老体衰的沈六手艺再好，可拉不动弓弦，也就不能称为弓箭行的弓匠了。这样一来，聚元号制作弓箭缺了人手，杨瑞林也就顺其自然让杨文通在铺子里向沈六学手艺，同时帮助父母料理铺子里的生意。杨文通心灵手巧，又识文断字，没过三五年，就掌握了聚元号弓箭制作的全套手艺，无论是白活还是画活，样样精通。那时的学徒，只能学一两样手艺，也就是说弓箭行里，你要是学了白活，就不能学画活。总之，掌柜担心教会徒弟饿死师傅，怎么着也不让你学到全活。谁能学到全活呢？那就只能是少掌柜，只能是嫡亲。杨文通具备这个身份，老爷子才肯将手艺和盘传授。沈六年纪大了，干不动了，在弓箭同行的眼里，杨文通几乎就成了聚元号的技术专家。不用说，杨文通成了聚元号的顶梁柱，只要是涉及弓箭的设计制作全是他一手操持。

杨文通发现，稍微殷实一点的家庭，即便雇不起人看家护院，总还要有个防备趁火打劫的毛贼的家伙吧。他就将祖上传下来的诸葛弩试着做了几套。要说这诸葛弩，当年真有点高科技的味道，相传这是诸葛亮发明的，当时称为元戎，是一种连续发射的弩箭。这弩箭用铁制成，长8寸。将10支箭放在一个弩槽里，扣一次扳机，就可由箭孔向外射出1支箭，弩槽中的箭随即又落下1支到箭膛上，再上弦，又可继续射出。装上弩箭一试，啪啪啪，眨眼间10支箭就都发射出去了，您说这武器厉害不厉害？特别是在买不起火器的人家看来，拿两张诸葛弩搁在家里还是不错的选择。若有一个半个毛贼来袭扰，就这弩箭的阵势，打不着他也得给吓得倒退回去。还别说，就凭着这个诸葛弩，聚元号弓箭铺勉强渡过了难关。

不过，不管怎么说，那个时期兵荒马乱、民不聊生；一个凭手艺吃饭的手工作坊，纵使有天大的本领，也还是过着饥一顿饱一顿、朝不保夕的日子。

在百业凋零的旧北京，弓箭商家陆续倒闭，或者改弦更张，另辟蹊径，转行转产。在弓箭行中数一数二的聚元号也是风雨飘摇，惨淡经营。到了1949年，北京只剩下了7家弓箭铺。当中华人民共和国成立，天安门前飘扬起五星红旗时，东四牌楼旁的弓箭大院仅剩4家弓箭铺。

每每谈及那些年的往事，杨文通往往长吁短叹，连连摇头。那真是不堪回首。

第二节

最辉煌的往事

20世纪50年代，是聚元号生产经营的黄金时期。

1949年10月1日，中华人民共和国成立，北京成为全中国政治、文化的中心，各行各业出现欣欣向荣的局面，聚元号弓箭铺在良好的大环境下，迅速恢复元气，迎来了自身快速发展的鼎盛期。

这时的老掌柜杨瑞林已经退居"二线"，虽然铺里大事由老人家拿主意拍板，但是平时的日常工作完全交给了杨文鑫和杨文通哥儿俩，也就是说，当时聚元号弓箭铺的实际当家人已经传到了第九代。如果按照今天企业职务划分来说，那么杨瑞林就是董事长，杨文通和杨文鑫呢？两人也有分工。大凡抛头露面，迎来送往的事务全由杨文鑫应对，而杨文通则承担了弓箭制作技术方面的所有事务。用一句今天时兴的话说，杨文鑫成了聚元号的业务经理；杨文通则成了聚元号的技术总监。有道是国泰而民安，百姓安居而乐业，聚元号弓箭铺就是在这样有利于企业发展的春天里兴旺发达起来。这时的聚元号不光是国内订单不断，海外的订单也是接二连三，应接不暇。杨瑞林每逢月底拢账，总是合不拢嘴，喜上眉梢。看看账本，一个月的收入刨去各项费用，净剩最少也有四五千元，那时物价低，全家老小上一趟全聚德，吃一桌全鸭席，也不过几十块钱；杨家的小日子真是芝麻开花节节高，说是小康人家一点不为过。

在杨文通的记忆里，有两件事情难以忘怀。

第一件是和英国人打官司的故事。那是1951年，天津海关给北京的聚元号发来传票。杨文通打开一看，原来是英国的一位客户投诉聚元号违反商业道德，说聚元号给他们寄去的弓没有上弦，不能使用。杨文通给父亲和哥哥念了一遍英国人的诉状，大家不禁呵呵大笑。原来这位英国客户第一次做弓箭生意，头一回和聚元号打交道，还不懂得中国民族弓箭使用的方法。按照中国弓箭行内的规矩，交货时弓是不能上弦的。聚元号不是头一回做海外生意，照老规矩就将弓和弦一同寄往了英伦三岛，哪承想客户不懂行，还责怪聚元号违反职业道德。怎么办？大家一商量，得给人家解释解释呀！谁让咱们没有做一份英文的使用说明书呢。让谁去呢？作为技术负责人，杨文通自告奋勇。他当即带上弓箭修理用具，直奔天津海关。

英国人见到年纪轻轻的杨文通，脸愈发阴沉，大概认为聚元号太无诚意了，这么大的事情居然派这么一个年轻人来应付，明显表现出不满的情绪。杨文通不卑不亢，首先给海关人员和英国客户解释了一番中国民族弓箭行业的规矩，也就是给英国人上了一课。接着，杨文通接过弓来，一边解释着一边操作起来，当着各方人员的面，来了一个漂亮的"回头望月"，眨眼之间弦便被上到了弓上，经过试射，性能非常好。杨文通娴熟的手法、像变魔术一般的动作，让在场人员大开眼界，兴奋得鼓起掌来。本来打算讨个说法，甚至要求索赔的那几位英国人，这时急忙站起身来，向杨文通鞠躬，表示歉意。这件事情，让聚元号名气更大了，海外的购销合同也是与日俱增。

第二件事，发生在1956年，当时国家开展轰轰烈烈的公私合营运动。一家人用心经营多少年才积累的家业，一晚上几分钟的大会开罢就要归属了"公家"，这让很多作坊商铺的主人想不通。有人料想，正在发大财的聚元号弓箭铺一定不甘心，肯定不赞成。但是，杨瑞林对这么个大事情偏偏很想得开。他讲，咱们家的买卖怎么好起来的？还不是共产党让咱们的买卖红火了。没有党和政府的支持和帮助，咱家还不是连窝头也吃不上吗？杨瑞林坚信人民政府提出的号召肯定是为了咱们手工艺人着想。就在别的铺子还在犹豫观望时，杨瑞林响应政府的动员，带领聚元号弓箭铺里的一家老少9口人第一个入了合作联社。杨家入社非常彻底，将聚元号的人、财、物以及供、产、销一系列买卖合同统统带入了北京市体育用品第一生产合作社。当时，那家合作社也不过几十名工人。

　　杨瑞林此举让聚元号弓箭铺成为北京市公私合营运动中的先进单位，为此受到各级人民政府的表扬和鼓励。杨瑞林老爷子作为手工艺人和私营企业代表，参加了中南海和人民大会堂的诸多表彰会。杨瑞林当时与党和国家的领导人合影的照片，成为多少年来老爷子荣耀的永久纪念。也

▌杨瑞林与来京参加射箭的青海省代表在聚元号老铺前合影

就是从那时候开始，聚元号弓箭铺成为北京市体育用品第一生产合作社的一个生产车间。之后，这家合作社成为北京第一体育用品厂，杨家9口人也就成为这家工厂的正式员工。没过多久，杨瑞林因为年逾花甲，按照规定就在这家工厂办理了退休手续，安享晚年；杨福喜本家的四大爷成为这家工厂弓箭车间主任，杨文通则成为弓箭车间的技术负责人。

您还别说，公私合营刚开始的那一年，聚元号的弓箭生意还真红火起来了。为什么？第一，当时的工厂领导比较民主，特别尊重老艺人，有事主动与老艺人商量，听取老艺人的意见，特别是在产品质量和产品开发上，老艺人有很大的话语权。第二，是国家有关部门在原材料采购及产品的销路上给予了大力支持和帮助。聚元号弓箭的出口量之所以持续大增，主要还是得益于国家的进出口公司的支持。由进出口公司负责联系海外客户，根本不用生产车间负责人操心，这让聚元号的弓箭产品很快打进国外市场。第三，是今天的年轻人想不到的——当时的"除四害"运动。麻雀最初被认定为"四害"之一，政府号召，全民动员，要消灭所有麻雀。怎么消灭呢？很多单位和个人便采取了原始的办法——用弹弓打；弓箭车间在那些日子里加班加点生产弹弓。生产弹弓和生产弓箭虽然工序不同，但是所用材料相近，又没有技术方面的困难，聚元号名气又大，因而顾客盈门，生产的弹弓每每断档。很多没有买着弹弓的顾客就在铺子里等着，拿不到货就不走。这让杨文通也着急起来，动员全家男女老少齐上阵，连喝水、吃饭都顾不上了，可还是供不应求。这边刚刚下了料，那边早就把钱交了。

第五章

聚元号起死回生

当代中国的弓箭制作，很早已经式微。这一点从20世纪40年代的学者谭旦先生的调研成果可见一斑。

20世纪30年代，在蔡元培先生的倡导下，多位学者对东北、西南、中国台湾等地的民间艺术、手工业开展了调查研究。其中谭旦先生于1942年在成都调查传统弓箭的制作方法，他的文中提及："近年来，全中国制造弓箭的地方，是仅有北平和成都，然而也只是奄奄一息地很难维持下去，有的有人才而无工作，有的有工作而无销路，全消灭或失传是在不久的将来。成都是一个较为古老的城市，那里聚集了不少的手艺人，他处的新旧技术，都能吸引仿效，而且是一个相当能保守的地方。"清末随着近代火器的引进，弓箭渐渐失去了作为武器的主导地位，在民间的制作使用也日渐衰微，因此出现了谭旦所言的仅个别地区使用弓箭的情况。在谭旦做完弓箭铺调查后不久，这个在成都的最后一个弓箭铺便很快销声匿迹了。

谭旦在调查报告中写道："当时（1942年）还有一个打算，想胜利复员后能有个机会到北京去调查弓箭制作，以便南北两地有个对照的根据，去分析技术与取材上有何不同的地方，然而人事的变迁，国家的多难，任何打算都成了幻想。"

对于聚元号的出路和弓箭制作技艺的传承，有人认为，随着社会的进步和经济的发展，中国的传统弓箭这一行迟早要退出人们的视野。杨福喜可谓最后的守望者。但杨福喜不这么看，他乐观地认为："只要人民生活水平在不断提高，弓箭就不会消亡。当人们有了一定充裕的时间，有了一定的经济基础，人们就会去玩、去收藏。人们对弯弓射箭，对中国的传统射艺同样会感兴趣。"

第一节

割舍不掉的家传老手艺

　　虽然聚元号弓箭铺原先的铺面不存在了，东四大街的弓箭大院也拆得踪影皆无，但聚元号的血脉还在延续。有道是"留得青山在，不怕没柴烧"。老杨家的香火没有灭，杨文通制作弓箭的手艺没有丢。少年时所学的本事，依然深深地印在杨文通的脑海里，清晰地烙在他心灵的最深处。1988年，也就是聚元号的第八代传人杨瑞林去世20年以后，杨文通从水利局木工的岗位上退休，当他回到家里夜不能寐的时候，眼前总浮现出那块乾隆帝赐给聚元号的金字招牌，浮现出在海外国际博览会获得的那张印有火车头疾驰图案的奖状……

　　人老了，免不了回忆往事。杨文通想起儿时随父亲所学的手艺。都说艺多不压身，扔了近30年的手艺依然让他不能忘怀。如今退休在家，闲不住的杨文通就又拾掇起扔在床底下的弓箭用具，鼓捣起当年的老玩意儿来。聚元号在老人的心目中是永远挥之不去、割舍不掉的回忆。在三儿子杨福喜的帮助下，老人从老屋门前的劈柴垛里翻腾出了那张历尽沧桑、充满传奇故事的断弓。老人抚摩着这张老弓，不禁百感交集，家传的弓箭手艺难道要在自己的手里断送掉吗？他扪心自问：要是让这祖上传下来的手艺在我这一代断了根，我合得上眼吗？我怎么对得起先人？想到这里，老人内心不安起来，他从铺底下拉出自己的工具箱，拿出了搁置多年的工具，把断弓小心翼翼地放在了膝盖上，使出家传绝技，就像外科医生实施断臂再接手术一般，吻合碴口，梳理筋脉；就像重新赋予生命一般，在杨文通的手中，断弓终于修复完好。

老人站起身，将修复的老弓举起，左右端详。或许就是在那一刹那，聚元号老字号的"魂"重新回到了杨家父子的身上。老人携着弓箭走向大门外，用弓箭艺人世代相传的方法弯弓射箭。老人是要试一试自己的身板，还行，36斤的硬弓不费劲就能拉圆，搭上一支五尺长的雕翎箭，"嗖"的一声，正中百米开外的靶子。

▌ 杨文通与杨福喜

杨福喜看着爸爸硬朗的身板乐了："您能活100岁！"老人把弓交给儿子，舒展一下手臂，又握了握拳头，双手还算灵活，脑子也不糊涂。也许就在这一刹那，老人暗暗下定了决心：要重出江湖！现在改革开放了，国家政策也允许，咱为什么不在有生之年，把这祖辈相传的弓箭手艺传承下去呢！

　　没有什么人力劝杨文通这么去做，没有什么部门对此有过任何重要指示，完全是老爷子对于传统手艺的一种依恋，对于一辈子也不能忘怀的事业的热忱。杨文通拿出原本不多的退休金，买回了油漆，又熬制了猪皮鳔，陆续修复了家藏的两把旧弓。在老人的住处，不大的两居室内，最引人注目的就是一张张弓弩，还有盛满油漆和猪皮鳔的盆盆罐罐。没有刻意的安排，几天工夫，老杨家的居室就变成了一个弓箭作坊。

　　杨福喜看到老爷子拾掇起制作弓箭的老玩意儿，也勾起了他儿时的回忆，便主动上前打下手，帮助老爷子熬胶弄鳔，锯锯刨刨。

　　于是，"隐身绝尘"的聚元号弓箭铺，在改革开放的浩荡春风里，在欣欣向荣的京城里悄悄地再度现身，尽管没有正式的经营场所，也没有挂上经营招牌，就连在一个小区里住着的老街坊大多数对此也是一无所知。但是，用中国人的老话讲，聚元号已经暗暗地续上了"香火"，接通了血脉。

　　杨文通老夫妇俩风雨同舟生活了几十年，让老两口颇感欣慰的是，3个儿子已经成家立业，生活安定，衣食无忧。特别让老两口充满期冀的是老三杨福喜，这孩子有灵性，对家传的弓箭制作情有独钟。

　　杨福喜在家排行最小，聪明好学。虽然让"文革"耽误了，没有正经读几年书，可他求知欲强，别的孩子没有什么事时上大街遛遛逛逛，他不，家门口不足500米处就是区图书馆，杨福喜上街十有八九是奔那里，不但在阅览室一待就是一整天，还经常把书借回家来看。一个礼拜一本，图书馆的管理员和他熟识了，有时还破例多借给他两本。他在书的海洋里遨游，从书里寻找答案，从书中寻找乐趣。如今，当杨福喜成为了聚元号的第十代传人声名远播以后，在接受媒体采访时，让人感到他知识丰富，谈吐不俗，不是一般人印象当中民间艺人的形象，倒似一个十足的大艺术家的做派。这不能不说是酷爱读书的缘故。

也许是家庭的熏陶或耳濡目染的结果吧，杨福喜儿时就对弓箭爱不释手，在他童年的记忆里，他最感兴趣的玩具就是爷爷特意为他制作的一副小小的弓箭。他与小伙伴一起玩游戏，玩得最多的就是弯弓射箭。弯弓射箭是一项体育运动，运动之前必须要有人指导，要有热身，要有准备活动。爷爷是弯弓射箭的行家里手，特意教授给子孙们一套家传的弯弓射箭的准备操。这套操样子不是很好看，可是实用，可以避免损伤身体，杨福喜至今念念不忘，说起来头头是道。

杨福喜六七岁时，爷爷就让他们哥儿几个用拉弓来比赛臂力，用射箭来锻炼眼力。伙伴们聚在一起，你拉弓、我射箭，玩起了射靶子的游戏。年幼的杨福喜虽然还不知道传统的"射艺"是怎么回事，却在长辈的教导下，通过弓箭的游戏懂得了不少典故和成语，如"一箭双雕""百步穿杨""有的放矢""矢志不渝""剑拔弩张"等，从中悟出了许多为人处世的道理。

后来杨福喜给当木工的父亲打下手，为街坊四邻做家具、打衣柜、做沙发。没过多长时间，小小年纪的杨福喜就学会了使大锯、用刨子、熬鳔粘胶。杨福喜悟性好，木工家具的活计一点就透，一看就明白。特别让杨文通满意的是，这孩子肯吃苦、不惜力，一天锯出的木头方子能装满整整一大卡车。推刨子推得有时手上起了血泡，也不和大人讲，一声不吭，对父母更没有丁点儿的抱怨。这孩子，让街坊邻居说：有出息！

那时一般人家结婚，准备安家立户，没有今天的经济条件，往往请有木工手艺的亲戚朋友帮忙，打一个双人床，一个大衣柜，再做一对简易沙发，那婚事就说得过去了。在市水利局宿舍大院里，星期天最忙的人莫过于杨文通和他儿子杨福喜了。这爷儿俩，简直是没白天没黑夜，两眼一睁，忙到熄灯。

《礼记·学记》云："良冶之子，必学为裘；良弓之子，必学为箕。"意思是优秀的冶匠的子弟，在正式学习冶炼术之前，首先要学习缝制皮衣；能够制作好弓的人家，其弟子在入门之前，首先要学会用竹条编制器具。其意是，凡事一定要有所准备，一定要预先热身。杨福喜就是这样，在他没有正式学习制作弓箭的手艺之前，在家庭的影响熏陶下，很早就开始接触与弓的制作相关的各种活计。

杨福喜领到中学毕业证以后，按照当时的政策要"上山下乡"，他被分配到京郊顺义县龙湾屯插队。那时的龙湾屯还是人民公社，时兴"大锅饭"，农民靠挣工分生活。一个壮劳力一天的工分也不过几毛钱，插队知青的工分顶不上一个整劳力，有时想回家连往返的车票钱也没有。即使这样，杨福喜也没有手心朝上跟家里要钱，他勒紧裤带，把每月购粮本发给的32斤粮票省出来几斤，用白面票和老乡换几毛钱来买回家的车票。

没过几年，老杨家全家搬到南池子大街。在一次大扫除的时候，父亲从床下拽出一个工具箱，从里面找出雕翎、牛角等造弓箭的材料，并指着两个锛子对杨福喜说："这两个锛子做弓时挺好使。一个是你大爷的、一个是我的，这可是咱们的传家宝啊！"父亲的这番话，杨福喜深深记在心里。他抄起父亲的那个锛子，翻来覆去仔细端详了一番，并用手指试了试锛子的刃性和刚性。他对父亲的话有些不解，将信将疑地想："这些老古董，不过是当木工比较顺手的工具罢了，难道和我的前程、工作有什么关系吗？能传家，还是能致富？"他想象不出这玩意儿除了可以帮助孩子做一把打麻雀的弹弓和帮街坊邻居打打家具外，还能有多么重要的作用。尽管找不到答案，但他尊重父亲，相信父亲说的话一定有他的道理。他向父亲表示："有朝一日，我一定用咱们家这传家宝做成一把正经的好弓！"

父亲语重心长地说："你呀，就你现在这两下子，要想做成真正的好弓，还差得远哪！还得下功夫，好好学本事！"

杨福喜从顺义插队返回京城，没有去水利局接父亲的班，当一名靠锯、刨、锛吃饭的木匠，而是进了北京化工二厂，到生产车间当了一名技术工人。本来，他以为这一辈子就是和化工打交道了，不承想，在化二厂工作的第13个年头，厂内实行体制改革，人员进行大幅度调整，没有杨福喜的工作岗位了。这让他十分郁闷和无奈，依依不舍地离开了化工二厂。当他回到家里思考今后的出路时，看到了父亲的传家宝，他拿起家里珍藏的那些老弓摩挲时，不禁萌生了一个念头，这些传家宝能够混饭吃吗？能够让我这一家老小衣食无忧吗？答案是否定的。杨福喜不是喜欢遐想、不切实际的人，他思来想去，还是认为：这玩意儿，要说平时没事，解解闷玩一玩，行。可要是指望靠它吃饭，难！悬！不可能！

杨福喜在第二次就业时，还是放弃了和父亲学习制作传统弓弩，而是到出租汽车公司应聘，当了京城的一名出租汽车司机。他打心眼里喜欢这个职业，虽说没白天没黑夜，风里来雨里走，吃饭喝水也没个准点，可大街小巷转悠，城里城外进进出出，见识多，眼界开阔，每天都有新鲜事，每天都有新进项，杨福喜的"的哥"生涯过得有滋有味。虽然时不时地帮助父亲采购制作弓箭所用的原材料，回到家里也帮助父亲打打下手，但那不过是业余爱好而已，杨福喜还没有认真考虑接父亲的班，还没有沉下心来学习制作弓箭。

第二节

老玩意儿还有希望吗？

杨福喜有一个特点，就是善于"吸收"，同时也喜欢思索。在同龄人当中，他是勤于思考，以有自己的见地而让大家另眼相看的人。当他离开化工二厂还没有拿到出租车本的时候，在家闲来无事，抬头看到挂在墙上的祖传的老弓，心中不由一动，忽然萌生了一个念头，能不能在旅游休闲区开设射箭这个娱乐项目呢？

杨福喜没能像父亲那样从小正式拜师学做弓箭，也没有体验过弓箭铺里的那种传统气氛极浓的环境。但或许是遗传基因的缘故吧，他从骨子里就有一种对弓箭的亲切感。他喜欢弯弓射箭，用他母亲的话说，"他天生就好这个"。杨福喜此时油然联想到：我小时候爱弯弓射箭，现在的游人当中难道就没有喜欢弯弓射箭的吗？杨福喜一下子把传统弓箭的发展和旅游娱乐业联系在了一起。他拔腿就走，一口气跑了故宫、八达岭长城等游客云集的地方与有关人士探讨，希望能在那里开设射箭这个娱乐项目。让他没有想到的是，这个建议无一例外遭到了拒绝。理由很简单，接待他的人说："我们这里是国家级的文物保护单位，射箭活动容易造成对文物的损伤，不能答应你。"

有人听说杨福喜要搞什么射箭比赛，嘲讽他："什么年月啦？还玩那个老掉牙的玩意儿！"

有人担忧："那玩意儿闹不好有危险，别是国家禁止的武器吧？"

有人说："新玩意儿太多啦，现在的人追时髦的多，没有人稀罕这些古董老玩意儿！"

这番话激起了杨福喜的倔脾气："老玩意儿怎么啦？老玩意儿有老玩意儿的意境，有老玩意儿的乐趣。"他与几位意气相投的亲友一道，与郊区一个旅游景点合作，办起了一家弓箭娱乐场所。一开始还真是"火"了一把，上场比试的大有人在。但是，到了月底一算账，本钱没有回来不说，还搭进去不少。这时候，杨福喜的出租车的本子批下来了，杨福喜手头紧哪，左右一比较，还是开出租车挣钱有点把握。就这样，由于经费不足及其他种种原因，射箭场运营了不到一年的光景，便无法继续下去了。

尽管如此，杨福喜对家传的老玩意儿有了更深的认识。通过这一次办射箭场的尝试，非但没有让杨福喜心灰意冷，反而让他更加确信：这个老物件不会寿终正寝，还有很强的生命力，还是可以有所作为的。吃一堑，长一智，杨福喜平时出车就把父亲制作的弓箭带在身边，放在后备厢里，只要有机会，就和对弓箭有兴趣的人士交流一番。逐渐地，杨福喜有了要把祖上的手艺接过来的念头。

1995年，杨福喜带着老爷子做的弓箭跑到一家电影制片厂，虽然这一次还是没能实现他的"复兴"计划，可从制片厂有关负责人那里得到了民族传统弓可以有所作为的印证。杨福喜回到家里，兴奋地对父亲讲："您的手艺还真不能丢！人家讲了，这中国的传统弓箭学问大啦！爸，咱们着手干吧，我琢磨着，这老物件还真能有第二春！枯木逢春，老树发新芽，不定哪一天就能派上用场呢。"

杨文通说："这还用你说。老祖宗传下来的玩意儿，不说是国粹，也是历史的一个见证。我琢磨着，不管怎么样说，聚元号也不能在咱们手里断了香火不是？反正我在家没有什么事，我能干这个。我打心眼里愿意干这个，我寻思，不管怎么说，做几把好弓，给你们留下点念想，不也是件好事！"

1998年年初，杨福喜在回家的路上顺便在报亭买了一份晚报，这也是他多年养成的习惯，在等客人的时候读一读报纸。小报短短的一条消息引起了杨福喜的关注：西山八大处有一射箭场在举行射兔子比赛活动。回到家和老爷子一说，老爷子也来了兴致，跃跃欲试。论箭法，老爷子当年不说是百步穿杨，也是有箭箭中的的把握呀！现在的眼力虽然差

杨文通工作之余的愉悦

了点，要是说打兔子，那还是十拿九稳。第二天，杨福喜不出车了，专程拉着父亲和两位堂兄奔了西山八大处。

报名参赛的人还真不少，杨文通拿出自己亲手制作的弓箭上了场，可工作人员一看老爷子手里的这张弓，摇摇头，不让参赛。您这弓箭怎么是这个模样啊？和人家的不一样。原来，其他报名参加比赛的人员用的都是国际体育竞赛通用的弓，没有一个用传统民族弓的。杨福喜不甘心，便上前和工作人员交涉，我们大老远来一趟，怎么也让我们比试比试吧？

杨福喜说话的嗓门大了点，惊动了不远处一位上了年纪的人。这人走过来，一看杨文通手里的具有民族特色的老弓，不禁眼前一亮。他接过这张弓，反复端详，惊喜不已，啧啧称道，就像发现了新大陆。他搭上一支雕翎箭，侧身丁字步，挺胸昂首，猛地拉满弓，朝着面前的靶子"嗖"的一声，眨眼之间，箭离弦，正中靶心。众人齐声喝彩。

▎徐开才指导杨福喜射箭

　　杨文通见此情景，不禁喜笑颜开，他知道，今天是遇到知已了。杨福喜在旁边一打听，原来这位就是国家射箭队总教练徐开才。杨福喜凑过去竖大拇指，夸奖道："不愧是行家，真够准的！"周围的人也纷纷道"好"。老徐低头看着弓弦，却连连摇头："好什么好？我瞄的不是这个靶子！"一番话，惹得周围的人呵呵大笑。不知道徐教练是故意这么说，还是真的射错了靶心。

　　徐教练像遇到了老朋友，亲热地和杨文通拉起了家常。一听说杨文通就是当年京城聚元号的少掌柜，他更是眉飞色舞起来。这老爷子是什么人？那是当年四九城正宗弓箭铺有绝活的手艺人，是乾隆帝亲自赐过匾的聚元号第九代掌门人。要说制作弓箭，有白活、画活，一张弓从选料到成活有200多道工序。这老爷子样样拿得起来，件件能说出子丑寅卯。会全套祖传的弓箭手艺的，全中国也不见得能找得着几个。

就说怎么用这传统弓射箭，谁说得清楚？国家级的射箭教练只懂得当代比赛用的弓射技巧和规则，可对于我国古代的弓箭手怎么弯弓射箭，就说不出个所以然来。这老爷子说得那可真是头头是道。就说当年专供清廷使用的聚元号的弓的射程吧，能射多远？老爷子说："是张弓就能射出去100多米。"

这100多米是什么概念？是指能射中箭靶的距离。旧时弓箭大院里做出的步弓（普通的射箭弓），基本上是以射55弓（55张弓直线排开，约55米×1.7米的距离）远处的箭靶取准。无论弓力大小，都以55弓的箭靶为目标。弓力大，弓所配的箭就重。"如果说可劲儿往远了射，那就没准射多远了。"杨文通解释，"过去那蒙古人打猎，看见猎物往山上跑了，他发箭时放弦的手一甩，'嗖'一下那箭就蹿上面去了；看见猎物往山下跑了，手一扬，'嗖'一下那箭就下去了。全凭感觉。"

对于以什么角度发箭射得最远，杨文通讲：这个不好说，应当是因人而异。对于箭在空气中飞行的情况，杨文通凭其直观的经验给在场人描述道："稍平射时，箭射得就比较远；随着发箭角度的抬高，箭的落点就会逐渐变近；再抬高角度，那就不知这支箭飞到哪里去了；再抬高，那就直着掉下来了。"

什么叫百步穿杨？一百步内，弯弓搭箭，抬手一箭能射中目标。这一百步合多少米？杨福喜说："东华门外的筒子河，我量过，河宽52米，从河边到城墙8米，从筒子河外张弓一箭就能射到城墙上去。我看，这差不多就是百十步。也就是说，百步穿杨的实际距离在六七十米。在这个距离内，射中目标的把握相对比较大。"

徐开才向老爷子详细询问了聚元号弓箭铺现在的状况及现在制作弓箭有什么困难和问题。末了，徐教练深有感触地对众人讲："大开眼界，大开眼界！这次比赛最大的收获就是发现了我们中华民族的传统弓箭技艺还没有消逝，中国民族弓箭还有发展的希望，后继有人。"他鼓励杨文通，一定要克服困难，把聚元号传统弓箭铺的制作手艺重新拾起来。他还忧心忡忡地对杨福喜说："北京弓箭制造原来有十几家铺子，现在可能就剩下你爸一个人了。他年纪大了，再不传承可就不好办了。我知道，手艺人不愿意把家传的手艺传给外人。所以，我建议你得赶紧接班，把你父亲做弓箭的本事学过来。这可是国粹！千万不能在咱们手里丢了呀！不管怎么样，你应该把别的事情先搁一搁，要把学祖上手艺放在第一位，这应该是你眼前最重要的工作。无论如何，要把弓箭制作的方法学到手，先保存继承下来再说。" 徐开才还郑重承诺，一定会想办法对杨家父子在恢复弓箭制作上给予帮助。

在场的体委干部们听说来了传统弓箭世家，格外重视，许多干部走上前与杨家父子见面，问这问那，纷纷鼓励杨家父子，一定要把中国传统的弓箭文化传承下去。这让杨家父子备受鼓舞，心情激荡。在回去的路上，杨文通对儿子说："徐教练说得在理。回去，咬咬牙，凑俩钱，把咱家的聚元号弓箭铺重新折腾起来！"杨福喜点头："开弓没有回头箭，您只要有心，我陪着您干，跟您好好学这门手艺。"老爷子眉开眼笑，兴奋地哈哈大笑起来。

第六章

老行当重见天日

中国成语有"富不过三代""一代不如一代"之说，家传手艺代代相传，能够青出于蓝胜于蓝，在前人的基础上，一代更比一代强吗？有人说，不要说强过，能把前人的本事全盘继承，真正学到家就阿弥陀佛了。聚元号弓箭技艺传承是什么样的情景呢？

第一节

父子又成师徒

　　锯、刨子、锛子，铺底下的工具全翻腾出来，摆了整整一屋。熬鳔胶，削竹子，绑丝线……卧室变成了工作间。时间一长，不用媳妇说，连自己也感觉到这么干不是个事儿啊！屋子本来就不大，摆得满满当当，连个下脚的地方也没有；孩子要学习，还要写作业，家里来个客人总也得有个坐的地方吧？杨福喜和父亲一商量，看上了楼下家属院的一排简易平房。这房子原来是放杂物的，没有人住，于是杨福喜趸来一间，有十几平方米。尽管当车间小得可怜，但是总比在家的卧室里专业多了，把工作室设在这里，总能让一家老小睡个踏实觉了。

　　经过一番紧锣密鼓的准备，1998年6月6日，还是星期六，三个六，这是老爷子择的黄道吉日。杨福喜和父亲一起，把摘下40年的"聚元号"牌匾在租借的小屋墙上重新挂了上去。虽然没有大张旗鼓，也没有庆祝开业而燃放的鞭炮，但杨福喜给老爷子买了一瓶好酒，陪老爷子喝了两盅。杨福喜对老爷子说："打今天起，您不单单是我爸，还是我师傅了。我给您磕一个吧！"杨文通呵呵一笑，说："算了吧！你当是你

▎杨福喜在制弓

爷爷哪！"杨福喜知道，爷爷收徒弟规矩大了，一般人简直受不了。杨文通对儿子说："咱们家在旗，你爷爷老例儿多。那时候，他收了四个徒弟，训得是笔管条直。只要是他一露面，徒弟不管干着什么，都得赶紧放下活儿站起来，那真是耳提面命。你爷爷坐着，徒弟们就不能坐，得站着，这就是规矩。吃饭的时候，你爷爷有固定的座椅，饭菜端上来了以后，徒弟们不能吃，得看你爷爷先动筷子。大徒弟就站在他身边，给他布菜。等你爷爷吃饱喝足了，站起身，离了席，徒弟们才能坐下开饭……那时候，是一朝为师，终身为父，徒弟对师傅有养老送终的义务。"

　　说起过去的老例儿，杨文通滔滔不绝："在咱们弓箭行里，规矩大了，学徒要三年才能出师。拜师时要有仪式，要沐浴更衣，要拜祖师爷，再拜师傅，师娘，师兄；要立字据。字据上写着：师道大矣哉，入

门授业投一技所能，乃系温饱养家之策，历代相传，礼节隆重……对于师门，当知恭敬。身受训诲，没齿难忘，情出本心，绝无反悔。空口无凭，谨具此字，以昭郑重……"说到这里，杨文通哈哈一笑，说："这老例儿咱都免了，可你得知道这个规矩。日后你要带徒弟，即使不照老例儿办，也得知道这祖上传下来的规矩。"

父子又成师徒

这一天，对杨福喜来说，是一个新的起点。他开始承袭父业，成了聚元号弓箭铺的嫡传弟子。这是老杨一家值得纪念的日子。

在这一段时间里，杨文通特意精心修复了两张弓，他把杨福喜叫到面前，一字不落地向杨福喜讲述了聚元号制弓的特点和全部流程工艺。

杨文通告诉儿子："聚元号的弓箭制作，全凭工匠的技艺和经验，要师傅手把手地教才能学会。每道环节都是手工劳动，所用的桦树皮、牛筋、牛角等天然材料有20多种，没有重样的。选材全靠工匠用眼看、用手摸，没有仪器，不能像现代制作那样用卡尺或者天平什么的计算和检验材料。咱们聚元号的弓就是靠以眼为尺、以手为度做出来的，很少有具体数据可以参考。

"这一把弓的制作过程，既要掌握木工、漆工技术，还要学绘画，

▎试弓 　　　　　　　　　　　　▎望着半成品心情忐忑

懂得皮具制造甚至针线活儿，样样讲究。别小看这一张弓，要是齐活至少得干三个月到五个月。"

　　杨福喜在化工二厂干过13年，可要说制弓，那13年算是白过了，一点也用不上，还是小时候和老爷子学的那点木匠手艺和制弓沾点边。熬胶用鳔，锉锉刨刨，搭个下手，杨福喜是一点就透。毕竟有些基础，学起来不是两眼一抹黑，加上他不怕吃苦，不嫌脏累，起早贪黑，没早没晚，抽空就干，不懂就问，不明白就琢磨，这么个学法，还能没长进？

　　就说用鳔，杨福喜问老爷子："咱们干吗不用鱼皮鳔啊？"杨文通回答："快有100年不用鱼皮鳔了。听老家儿说，这猪皮鳔还是咱弓箭大院的发明呢！"

　　老爷子又说开了古："有一年，各家弓箭铺祭祖，大家在弓箭大院聚餐。一位伙计吃猪肉不爱吃猪皮，嫌猪皮燎毛不干净。于是，这伙计就把猪皮吐在了桌面上。等散席第二天收拾桌子时，一位姓齐的伙计发现这猪皮粘在了桌面上，怎么抠也抠不下来。由此，这位姓齐的伙计萌发了用猪皮熬制猪皮鳔的想法。他把熬制出来的猪皮鳔分送到各个弓箭铺免费试用，经过一番试验，效果还真不错，成功了。打那以后，东四弓箭大院的各家铺子便改用猪皮鳔了。"

　　说起制弓的材料，就离不开牛筋。牛筋买回去后，老爷子让杨福喜先放在房檐上风干。待风干到八九成，才让拿下来，然后找了一方润湿的粗布把它裹上。接下来的工作是砸牛筋。老爷子说："这个活儿，要是有碾子就方便了，把牛筋放在碾子上碾，人就省力气了；可现在北京没有碾子，只能用木槌子砸。这砸要讲究个度。劲儿不能太大，也不能太快，要悠着劲儿，慢慢来。劲儿太大就把它砸酥了，慢慢砸才能劈出条子来。然后得用手一点一点地撕，撕成一丝一丝的。"老爷子边示范边说，"撕筋这活儿是个慢工。过去一般让妇女来干。弓箭大院里的人常说一句话：'好汉子一天撕不了四两筋。'撕好了的筋要打成捆，待用时提前把它泡在水里，泡的时间越长越好。当年弓箭大院里的店铺门口常年有泡着的筋。到用时得用净水冲洗。如果筋泡的时间不够，那就会发硬，不滋润。用它做成的弓，弓面很可能会有一道一道的裂纹，用行话说就是'水裂子'。"

　　聚元号制弓技艺繁杂，需要经过200多道工序。杨福喜脑筋灵活，边和老爷子学，边和老爷子商量能不能有所改进。眼下，不少的工序已经改用比较先进的电动工具了，比如打磨就用上了电动砂轮。即便这样，完成一张弓全部工序还要花费3个多月的时间。

　　在今天的北京城，要想制作一张民族传统弓，最麻烦的事情还是寻找原材料。因为要使用大量的天然材料，这给材料采购带来了很大难度。杨文通告诉儿子，过去有专门的原料采购商，现在靠咱们自己一件一件寻觅，好多原料"踏遍铁蹄"都难找到。按照聚元号老例儿制弓，对材料要求十分挑剔，选用木材首先要看材质，一定要用榆树或是水曲柳。选择的牛角则必须是南方的水牛角，长度也有要求，不能短于60厘米；现在的屠宰场往往不会等到牛长那么大就宰杀了，100支牛角里能找到七八支适合用的就不错。

有弓就要有箭。以往，聚元号以做弓为主，做箭还得是天元号。民国初期，市面上凡是做弓箭生意的人都知道，讲究聚元号的弓和天元号的箭。两家铺子分别以弓和箭出名。杨文通告诉儿子："人家天元号做箭，那一支箭的工艺细分起来，也有200多道呢！咱们聚元号做箭，论手艺还得是你母亲（杨文通的妻子冯氏），她是聚元号后期做箭的师傅。做箭杆的用料是六道木，用春天里砍伐的为好，秋天的容易裂，这种灌木得到门头沟的百花山去找。百花山下有个村叫箭铺，那附近有的是。"于是，杨福喜跑了100多里路，到了京西门头沟的深山区斋堂镇，从老乡手里以每根五毛钱的价收购到了一批。

既然要做箭，就少不了羽毛。过去说雕翎箭，就要用老雕的翎子。现如今雕是保护动物，用它的翎子不大可能了，可制箭总少不了羽毛啊，一般的羽毛还真不行，为什么呢？您得看这羽毛是不是能扇起风来。老雕的羽毛那是最好的材料，可谓是凤毛麟角，京城里已经难得一见。找什么替代品呢？杨文通经过反复筛选试验，才选用比较"硬"的法国鹅的羽毛为代替品。

家里存了多年的老底子——那些弓箭的半成品材料没有做出几把弓就用没了。北京地区有没有制作弓箭所需要的原材料，杨福喜心里没有底，他按照父亲提供的采购材料单，跑遍了北京的大街小巷，犄角旮旯。雕翎、牛角等材料北京是找不到了，必须要到外地去采购。竹子呢？做弓胎离不开竹子，北京哪有竹子呢？朋友告诉他，在刘家窑看见有一家竹制品商店，杨福喜听到信儿骑上自行车就跑了过去，可转了三圈愣没见着，又转到了马驹桥。从马驹桥又骑上车，先到旧宫，又往通州扎了下去。溜溜跑了一整天，甭说竹子，就连竹劈儿也没找见着。巧妇难为无米之炊，杨福喜着急啊，没有过两天，他又蹬着车子出了永定门，在路过南苑机场时，路边的大爷告诉他，卖竹子的地方在西红门。功夫不负有心人，到底让他如愿以偿，在西红门路口找到了一家销售竹子的店。

第二节

功夫学到家了吗？

为了能够全面继承老一辈的手艺，杨福喜全身心投入到向父亲学艺之中，即使是在吃饭休息的片刻，也忘不了问父亲几个关于弓箭的问题。杨福喜说："我睡觉的时候都在想弓箭的做法，我想做得尽可能不留缺憾，尽善尽美。"尽管手艺日臻纯熟，但他还不时停下来悉心揣摩，比如是不是应该恢复用桐油漆弓身？弓箭的材料是不是可以达到或是接近当年的水准质量？

老爷子有问必答，不厌其烦地讲述弓箭制作的来龙去脉。他告诉儿子："1949年以后才开始改用油漆的，要说用桐油，不错，能延长弓的寿命。"

老爷子身体力行，手把手教授；杨福喜勤学好问，不断操练，很快就入了道。几个月的工夫，杨福喜帮助老爷子利用家里存的旧材料成功地做成了几把弓，从这几把弓的操作实践中，杨福喜愈发感到这弓箭行里的学问还真不是一时半会儿就能功德圆满的。

杨文通给儿子"说古"，讲了许多关于弓的往事、传闻和民间与弓相关的民俗。

以往，哪家要是生了小孩，不用问，一看门口挂的什么就知道是男孩还是女孩。生男孩门上必然要挂一张弓或是一支箭。这是家里亲朋好友期待男孩长大之后勇武有力，能弓善射。眼下北京人没有这个讲究

■ 杨福喜与弓箭爱好者

了，不过在东北，满族人家门上有时挂起一张弓或一支箭就是这种古老习俗的延续。

　　笔者从翻阅的资料得知：这种习俗在西周就已有记载。《礼记·内则十二》："子生，男子设弧于门左，女子设悦于门右。三日始负子，男射女否。"

　　聚元号弓箭铺承袭了中国传统手工工艺的风俗习惯，如收徒、祭祖等。据杨福喜介绍，弓箭行业收徒非常严格，要求必须是15岁以下、人品端正的孩子，踏实肯干，愿意吃苦且淡泊名利。一个学徒从拜师到出师起码要3年以上时间。徒弟的日常花销由师傅全包，还给零花钱。

第三节

遇到两位"贵人"

　　国家射箭队徐开才总教练力践前言，专程来到北京市朝阳区团结湖，走进水利局宿舍大院，三转两转，找到了聚元号那间十几平方米的小屋。当他得知杨福喜已经正式成为杨文通的关门弟子时，非常高兴。他对杨福喜推心置腹地讲："你父亲说着就奔70岁了，你得争分夺秒，

▌徐开才与杨福喜促膝谈心

把老爷子的手艺一点不落地继承下来。你也许还不知道，就你父亲的本事，那是独门手艺，就全中国来说，也很难找着几位啦！"

杨福喜摇头，慢慢道出了自己的苦衷："我爸这些年做出了有40来张弓，可没有什么人看上，就卖出去一张，一千来块钱。要靠这个吃饭，一年365天，连粥也喝不上。老爷子有退休金，甭管多少吧，吃饭还没有问题。我呢，要专门干这个，没有什么进项，指着我媳妇的工资养活？我还有儿子呢，要吃要喝不算，上学念书买课本，哪一天出门不得花钱。"

徐开才教练劝慰杨福喜："还是要从长远看，眼下的困难别着急，咱们共同想办法。"没有多久，徐开才教练又来了，这一次不是他一个人，还带来一位蓝眼珠、黄头发的外国人。徐开才教练介绍给杨家父子，这位是谢肃方，香港知识产权署的署长。正当杨福喜一时犯愣，琢磨自己的英文不行，不知道该怎么和这位洋人交流时，谢先生一开口，让杨家父子笑了。谢先生说着一口流利的汉语，何止是说汉语，简直就是流利的北京腔。

原来，这位谢先生少年时代曾在北京生活了多年，读大学时在英国爱丁堡大学主修中国语文及文学，有一定的中国文化根底。他不仅会说普通话和粤语，还会说潮州方言。他对中国的传统文化已经达到了酷爱的程度。

谢先生告诉杨家父子，跟中国射艺打上交道并深深地被吸引，是由于一首中国的古诗："挽弓当挽强，用箭当用长。"唐代大诗人杜甫的这首佳作让他内心感到一种震撼，从而也给了他研究中国射艺的动力。他从1995年开始涉猎有关中国射艺的内容，并深入钻研。为了收集中华各民族的传统弓箭艺术品，他的足迹遍及青海、西藏、内蒙古等很多偏远而不为人关注的地区。对中国的射艺文化，谢先生一往情深，为了将中华民族传统的射艺文化发扬光大，倾注了大量的时间和心血。

謝肅方與楊文通父子

谢先生与杨家父子一见如故，大有相见恨晚之感。他观看了杨家父子弓箭的制作工艺，拿起一张张传统的老弓，爱不释手，喜不自禁。他高度评价杨家父子的弓箭制作，并将北京聚元号视为活化石。他对杨家父子说："随着中国科举制度的废除和西方火枪的传入，中国传统的弓箭已逐渐式微。但是作为传统艺术品，它应当在世界上拥有一席之地。作为能够制造传统弓箭的艺术家，可以说，目前你们是中国绝无仅有的。"

　　他郑重表示，要与杨家父子共同挽留住快要失传的传统工艺。他当场就决定出高价买下杨家父子刚刚制作好的20多张弓。

　　这一下轮到杨福喜感到震撼了：人家外国的学者都这么看重咱们民族的传统文化，都这么看重咱聚元号的弓箭制作技艺，作为聚元号弓箭的传人，还有什么说的呢！他当即向在场的徐开才教练和谢肃方先生表示：只要有"一口粥"喝，就坚持把"聚元号"的制作手艺接过来，传下去。

第四节

什么是"有的放矢"?

谢肃方对中国的射艺研究得非常透彻,论述十分精辟,他对杨福喜说,射箭活动可以陶冶性情。谢肃方认为"集中精神、分辨目标"是射箭的关键步骤。他指出:"现时很多人都分不清楚'成果'和'功夫',以为所做的功夫就是成果。其实射箭和做任何一件事情一个道理,就是要先在多个目标中选择其中一个,所谓'射人先射马,擒贼先擒王'。做事要有的放矢。"谢肃方还引用了论语的一句话:"子曰:'君子无所争,必也射乎。'"说明古时候的人就从射艺当中悟出了成功的关键:集中精神,选中目标。

悟性极强的杨福喜当然听出了谢肃方的意思,人家是希望自己吃透传统弓箭这一行,成为聚元号名副其实的传人。既然要做,那就不要三心二意,要集中精力,只有专心致志,才能把一件事情做好,做到极致,才可能出类拔萃。

然而,杨福喜不是人云亦云的人,干什么都要先过过脑子。他心想:老爷子这手艺是不能丢,可眼下不能当饭吃。要让我把出租车的行当扔了,专门跟着老爷子学手艺,可这弓箭手艺能当钱花吗?它挣不来人民币可怎么办?

杨福喜左思右想,拿不定主意。这可不是脑子一热就干起来的事情,一家老小要吃要喝,杨福喜不是毛头小子,他已经娶妻生子,是有家有业的人了。思考了大半天，杨福喜还是不愿意离开"的哥"这个工作岗位。"这开车上街一转悠，哪天也能见着钱哪！可这制弓的手艺能养家糊口吗？谁能说得准？不过，老爷子干这个还行，反正是退休了，有退休金，待着也是待着。我呢，忙里偷闲，给老爷子搭把手，业余时间多帮帮忙。这不是两不耽误，两全其美了嘛！"

杨福喜这么一想，便决定采取出车不忘寻找弓箭的出路，回家后以帮助老爷子制作弓箭为主，用这么个"业余作家"的方法学手艺。杨福喜这个想法没过多久就让老爷子看透了。对此，老爷子连连摇头："甘蔗没有两头甜。老话说：有所为，有所不为。你要真打算把咱们家祖传的手艺学到家，就不能搞业余，就得豁出去，脚踩两只船，哪头也闹不好！"

这可真让杨福喜犯了难。一头是出门就能挣钱的好行当，一头是祖传的手艺，可保不齐就混得没有饭吃。怎么办？这样的抉择可真是艰难，一连几天，杨福喜茶饭不思，抱着烟袋闷头抽烟。末了，他问父亲：怎么业余学不好手艺呢？

老爷子说："出租这行，没早没晚，一天得耽误在路上多少工夫？俗话说，拳不离手，曲不离口，干什么就得吆喝什么，你要学弓箭手艺，必须得一心一意，那样才能学得精、学得透。只有专心致志，才能出类拔萃；三心二意，肯定学不好咱家祖传的手艺。当个二把刀的手艺人还不如不学。别坏了聚元号300年的名声。"

父亲的一番话和谢肃方意味深长的"集中精力，选中目标"的鼓励，让杨福喜终于掂量出哪一头重，哪一头轻。杨福喜一拍大腿，"舍不得孩子套不着狼"，不豁出去，就难学成这家传的手艺！

杨福喜是说干就干的人，主意已定，他咬了咬牙，把那好不容易才得来的出租车本交了上去，断了自己的最后一个去路，破釜沉舟在家里摆"战场"，一门心思和老爷子学手艺。

这至关重要的一步，杨福喜走对了。在个人利益和民族利益上，他选择了以民族利益为重；在眼前利益和长远利益上，他看到了长远利益。

杨福喜明白了，这是他人生中通过弓箭而悟透的一个大道理。

这件事情过去没有多久，杨文通感觉身体不适，也许是觉得来日无多吧，他对儿子说："你得三步并作两步，快点学啊！有什么不明白，随时随地问问我。"尽管他知道儿子的进步很快，从大面上看已经可以独当一面了，但细节上还是有瑕疵的。

杨福喜对父亲说："您就踏踏实实养病吧，没事。"可他心里真是火上房似的着急。一来他为父亲的病焦虑，二来也是觉得还没有把父亲的手艺真正学到家。他和妻子商量，千方百计寻医问药，为老爷子治病，砸锅卖铁也要给老爷子找好大夫。他把一天当两天用，没白天没黑夜钻研制弓的手艺；只要老爷子有精神的时候，他就短不了和老爷子聊天，扯的话题很少有什么家长里短，几乎全与弓箭相关，与聚元号的历史相关。在杨福喜的脑海里，在他的生活中，弓箭和聚元号已经是他生活的主题，是他痴迷的生活的全部。

这一年，杨文通的病情得到了控制，杨福喜的手艺也有所长进。

第六章 老行当重见天日

111

第七章

让外界突然关注的小屋

　　2003年，中国科技大学科学史科技考古系博士研究生仪德刚和中国科学院自然科学史研究所研究员张柏春联名发表了《北京聚元号弓箭制作方法的调查》一文，文章获得广泛好评。当这篇论文在互联网上迅速传播以后，很快就让世界上很多地方的人知道了聚元号这个弓箭作坊，那间仅十几平方米的小屋很快就被访客挤得满满当当的了。

▌仪德刚与杨福喜交流

第一节

纷至沓来的声誉

2005年4月，中国艺术研究院在全国范围内聘请民间艺术创作研究员，杨文通是首批被聘请的30人之一，其创作的弓箭作品在中国艺术研究院展览并被收藏。当时的文化部部长对聚元号提供的展品给予了很高的评价，同时就中国传统手工艺的保护和传承的问题与杨文通进行了亲切的交谈，提出了建议，给予了鼓励。

▌杨文通受聘于中国艺术研究院

▎专家论证会

北京民间文艺家协会主动吸收杨福喜为会员，同时在参观、展出、宣传民族弓箭艺术方面给予了大力支持和无偿的帮助。

2005年9月，中国科学院自然科学史研究员、中国传统工艺研究会理事长华觉明，原中国射箭队总教练、中国射箭协会副主席徐开才，北京民间文艺家协会主席赵书等9位专家出席了朝阳区聚元号弓箭技艺专家论证会。专家们听取了朝阳区文化馆对聚元号制弓技艺的论证报告，观看了杨家父子制作弓箭全过程的视频。聚元号弓箭铺第十代传人杨福喜到会，现场展示和讲解了他的弓箭制品和基本制作工艺。专家们围绕着聚元号制弓技艺发表了各自的看法。他们一致认为，作为目前已知的北京唯一保存完整的传统制作工艺弓箭铺，聚元号承袭了中国传统手工工艺的风俗习惯，是中国传统弓箭发展轨迹和相关文化的缩影。此外，由于它的生产工艺流程复杂，每道工序的细腻程序和要求标准极高，是中国

▌杨福喜与专家一起研讨

劳动人民长期的智慧结晶,有着现代技术仿制的弓弩或其他类似工具无法替代的特殊作用,具有重要的传统文化价值和历史意义。

　　到会专家一致同意将聚元号弓箭制作技艺列入第一批国家级非物质文化遗产名录。这一消息通过媒体迅速在社会上传开,老杨家的平静一下子被打破了。杨文通不说,就是杨福喜也经历了前所未有的感受。他不仅要在有限的时间加班加点地赶制弓箭,还要应付海内外各种媒体的采访,"平均一周至少就有一家"。很多博物馆也来找杨福喜的作品参加展览。虽然忙,杨福喜的内心却是甜滋滋的。这样的日子不就是学弓箭之初就期盼的吗?

　　杨福喜颇有感触地说:"这喜欢传统弓箭的人,十有八九是热爱中国的传统文化,是怕咱把老祖宗的东西失传了。到咱这小作坊来的人越多,说明关注中国传统弓箭的人越来越多,就凭这一点,再累,再耽搁点工夫，咱心里也是痛快的。"

2006年5月13日，就在第一批国家级非物质文化遗产名录公布前几天，76岁的杨文通老人平静地走了。老人不无宽慰地撒手而去，他已经把手艺传给了儿子，但也不能说没有遗憾，他还是没有能亲耳聆听到北京"聚元号弓箭制作技艺"被列入第一批国家级非物质文化遗产名录的官方消息。

杨福喜经过8年努力，终于成为聚元号弓箭制作技艺的第十代传人。他为父亲联系完殡仪馆火化的事，回到家就一头扎进工作间，做了一个长约40厘米的弓。杨福喜说："干我们这一行的有个讲究，在过世者的墓里放一个弓，叫'镇物儿'。过去能土葬的时候，放个原样大小的。现在火化了，墓里地方小，自己就想出来这么个主意，做一个照原样比例缩小的，明天下葬的时候放在父亲身边。"

此时的杨福喜百感交集，父亲走了，可以告慰老人的是聚元号有希

▎杨文通生命的最后几天依然眷恋着弓箭

望了，被列入第一批国家级非物质文化遗产名录！杨福喜也有愧疚和不安，那是因为他制作弓箭的手艺没有完全学到家，老爷子走了，没有人指点他了。他抚摸着一把弓的弓胎上的图案对记者说："这就是我父亲画的。画活有很多讲究，什么图案给什么人用。"杨福喜虽然也会画，却讲不出很多门道，说不出其中有多少文化内涵。他说，老爷子的本事他至少有三个还没有学到家，今后怎么办，只能靠自己摸索了。都说青出于蓝而胜于蓝，可拿这弓箭手艺来说，要想胜过先人，那可确实不大容易啊！

据专家调查，杨瑞林身后的第九代传人本有三人，分别是杨文通、杨文鑫和张广智（杨瑞林的大徒弟）。杨文鑫早逝，张广智与老杨家失去联系多年，张广智比杨文通年纪大20岁，如果健在也90多岁了，估计也已失传，故杨文通成为聚元号弓箭第九代的唯一传人。可以讲，昔日京城司空见惯的民族传统弓箭艺人如今在全中国范围内已经濒于绝迹。这不能不让有关管理部门和专家学者大声疾呼了。

仪德刚对中国的传统弓箭十分上心，他在呼和浩特定居以后，依然随时随地关注着民间的传统弓箭信息。在与朋友聊天时，他得知在他家附近有一个怪老头会制作弓箭。这让他非常兴奋，他四处打听，结果真应了那一句老话，"踏破铁鞋无觅处，得来全不费工夫"。一天，他出了家门，骑车不过5分钟，在一条小街上停下来打听。有人指给他看，就是那一位脾气古怪的老师傅。仪德刚了解到，这老人曾经是内蒙古杂技团制作道具的木工师傅，不但可以修理民族弓，论手艺，与杨文通所传章法如出一辙。仪德刚回家就往北京打电话，将这个消息告诉了杨福喜。

让他没有想到，杨福喜不假思索就答道："没有错。我听我二大爷说过，那人姓李，和我二大爷一个姓。我二大爷过继给我姑姑家，改姓李，叫李玉春，他叫李玉祥，对吧？"这让仪德刚频频点头。

　　说起来，那是很久以前的事了。当时内蒙古杂技团表演拉硬弓的那把宝贝弓坏了，杂技团派人专门到北京来，请杨瑞林帮忙。杨瑞林把这个活儿派给了李玉春。李玉春带着工具还有十几张做弓的材料到了呼和浩特。杂技团派了管道具的木工李玉祥师傅打下手。这老哥儿俩挺对脾气，休息时一块儿聊聊天，还时不时喝一杯小酒。杨福喜说："也是和聚元号的缘分，我二大爷离开呼和浩特的时候，便把带去的弓箭材料全都留给了李玉祥。不过这位老人不会制弓，只会修理传统弓。"

　　杨福喜也感到很遗憾，因为父亲的手艺他还没学精。"一个手艺人故去了，就会带走很多手艺。据我父亲说，他只从我爷爷那里学到了80%的手艺，我从我父亲那里顶多也就学到了80%。一代损失20%的话，那还能损失几代啊，这是让我感到很忧虑的事情。老爷子走的时候，也非常不放心。所以，我希望能够有人跟我一起深入研究，把以前失传的一些东西尽可能多地恢复起来。"

　　可以说，这是给非遗保护提出了一个新的课题。

第二节

与专家、学者共同研究

　　已在内蒙古师范大学任职的仪德刚也是在那间十几平方米的小屋里认识杨家父子的。当时仪德刚还是中国科学大学的博士研究生，中国古代技术是他的博士生研究课题。当他与这个同课题小组的同事们见到杨家父子时特别兴奋，因为在此前，他们的研究只限于在历史资料，而没有与传承技艺的人见过面。其原因是，了解这些技艺的很多老艺人都不在了。"能够亲眼见到弓箭的制作过程对于研究中国古代技术意义非常重大。虽然古代文献中记载了制作工艺，但古文非常精练，如果没有实物，很难印证。而这些文献材料又是被大量引用的，如果没有见到真实的操作过程，在理解上很容易有偏差。"仪德刚在接受记者采访时说。

　　杨福喜已经熟谙制作弓箭的200多道工序，可以独力制成一套上乘的弓箭，特别是目前，除了他的父亲杨文通，还找不到第二个人。杨福喜不无得意地说，这些技艺光看是看不会的，而且没有三年五载的实践，就无法练就。日本侵华时期，曾经有两个日本人找到聚元号，对整个弓箭制作过程进行拍照。拍出来的照片叠起来有一米多厚，他们想着拿回去研究研究，然后把这门手艺整个端走。"可他们哪懂呀，很多东西光看照片根本学不会。"杨福喜说着拿起一张弓，用手从头到尾摸了一遍，边摸边对笔者说："我如果不告诉你，你知道我在干什么？就这么一个简单的动作，里边就有学问。"杨福喜已经成为一个地道的民间艺术家，平凡中透露出他的奇特之处，"其实，我是在摸弓身两头儿的比例，看粗细薄厚是否匀称，过去没有卡尺，全凭手感。"在中国的民间技艺当中，有很多只可意会而很难言传的本领。

仪德刚的课题小组在聚元号小小的工作间里整整待了3个多月。他们详细记录下了杨福喜制作弓箭的每一个步骤，同时还进行了弓箭力学方面的研究。在这里，不妨借用一下仪德刚以及中外学者和记者采访杨福喜的一些记述：

杨师傅向我们介绍了弓弦所用材料。过去用棉线，而现在是用丝线，就是用蚕丝制成的线。过去射箭所用的弓一直用线弦，只有练气力才用牛皮弦，这是因为线弦打磨得比较光滑，不会给射箭带来太大的误差。

弓的做法很讲究，做弓之前先选择材料，在北京找就比较麻烦。弓梢现在用的是普通木头，但是过去很讲究，需要去大山里采集木头，需要那种从山崖上钻出的树，有着和弓梢相似的弯度的那种。那种山木有一个特性，木质纤维在弓梢弯折处不会断开，而现在用直木做成的弓梢，性能显然比山木要差很多。再一个，弓的主要通体的胎子应该是竹胎，一般使用以两年生的竹子为好，太嫩或太老的都不合适；而且要没有经过海水浸泡的，过去的竹子从福建那边运过来，把竹子挂在船的下方运的就不行。

弓箭所用的牛角，在一堆上百个中也只能挑出八九个。要是能赶上白牛角就更稀罕了，一般工匠一辈子能赶上一对白牛角就烧高香了。说到这里，杨福喜很自豪地给我们展示了他所做的一对白牛角的弓。

还有就是牛筋。牛筋扒下来的时候很粗糙，要用水泡一段时间。然后，用木头来砸，再用专门的筋梳子来梳，把那些油脂都梳理下去，最后剩下的筋要和头发丝一样细。当年弓箭大院有一句话是"好汉子一天撕不了四两筋"。这些筋是铺在画活里面，用于增加弓的韧性的。从工程力学上分析，牛角用于抗压，牛筋用于抗拉。制作传统弓，相对应地使用牛角和牛筋，可以增强弓的性能。

北方竹子稀少，但北方人偏偏喜欢用竹做弓胎子；南方盛产竹子，南方人制弓却喜欢用桑木。说起弓箭由来，有句话说"桑木弓，柳木箭"，说明桑木具有一定弹性，适宜做弓。

弓的表面需要铺一层桦树皮，用于防潮。杨福喜说，桦树皮的隔潮效果特别好，即使放在水里泡10天，剥开来看，中间还是干的。据说，故宫的宫殿大屋顶里面就放有一层桦树皮，用途就是防潮。

讲到箭，杨福喜侃侃而谈：过去，私人手里不能留有箭，箭头都是由朝廷统一制造，然后弓箭铺去领取箭头，领多少箭头则交给朝廷多少支箭。箭头上面带着一个芯子，用于连接箭体和箭头。这个芯子绝不能短于箭头，要是短了，让朝廷发现那是要问罪的。

箭羽的作用是保持箭射出去时的平衡性。过去最好的材料是雕翎羽，算是精品，其次是天鹅，再次是猫头鹰，最次的是大青雁的羽毛。现在这些飞禽都是国家保护动物，所以只能用鹅毛来做。最好是用法国鹅的鹅毛，因为中国鹅的翎不够长。

讲完制弓材料，杨福喜就说到了与弓相提并论的弩。他二话不说，拎出一个比普通弩更高级的连弩来，加上箭头，朝门上打去。啪啪啪啪啪连发10支。发箭的速度极快，这就是当年诸葛亮用的连弩。从单发到连发，委实是一个大的进步。过去，有钱人家都备有这个家伙，虽然准确性不高，但是很快。这个又叫匣箭，在强盗土匪来的时候能够抵挡一阵。

杨福喜还给我们看了他的其他法宝，如夯子等。当然，在科技迅速发展的年代，在处理原材料的技术上有了更好的办法，比如加工牛角，过去都用斧子、夯子等工具来磨，而现在用电动砂轮处理得更好。再如处理牛筋，过去天热不能铺牛筋，会发臭。那个时候弓匠采用的方法就

仪德刚、杨福喜与徐开才

是整夜扇扇子，现今则采用空调，显然进步很多了。

弓箭中所蕴含的价值取向对中华民族的思维方式产生着长期影响。仪德刚博士说，其实，练习射箭早已不是用于战场了，它的意义也不仅仅是一个传统民族体育项目这么简单。重要的是，很多中国传统文化思想附着在弓箭习射里，从中可以了解到我们传统的生活方式和思考方式，有些对今天依然有着难以估量的影响。

仪德刚强调：目前学术界对于传统弓箭的研究越来越重视，国内外已经有不少相关的学术研讨会。而且，传统射箭作为数字奥运博物馆中最具有中国特色的体育项目，已经有知名高校的著名学者在从事专门的研究了。不久的将来，将会有更多的人重新认识传统射箭的重要价值。这种文化是不可缺少的。

第三节

居民小区内的尴尬

　　成果与努力往往是成正比的，有一分耕耘，就有一分收获。在相关单位和各方面朋友的支持帮助下，水利局宿舍大院内的聚元号作坊大有起色，那间十几平方米的简陋小屋里被堆得满满当当，已经成为弓箭的世界。架子上摆着弓和箭，墙上挂着诸葛弩，这边是堆满工具的工作台，那边是烤弓用的煤气灶，脚下还有各式弓箭的半成品。有些材料实在放不下，就只能塞在后面那一个人勉强能睡觉的"卧室"里。除了这些静态的物件外，还有一群活物——因为老鼠会咬弓箭，杨福喜找朋友淘换来5只大猫。当给它们喂食时，5只猫衔尾鱼贯而入，最后一只进了屋，第一只的头就能顶到对门的墙。小屋已经拥挤不堪，但着实充满生机和活力。

　　这小小的工作间与居民住宅紧紧相连，接踵而来的是诸多的不便和尴尬。杨福喜这边稍微有一点动静，就会波及街坊四邻。杨福喜工作起来，没白天没黑夜，对街坊四邻的生活起居影响还真是不小。大中午的，人家要午休，你的砂轮一转，电机一启动，"嗡嗡"声不绝于耳，那动静小得了吗？能不让困得睁不开眼的老街坊心烦吗？还有那熬猪皮鳔的味道，让老街坊们大夏天的"哐当哐当"地关窗户，这不是再明白不过的一种抗议吗？也就是多少年的老街坊了，出来进去的，低头不见抬头见，人家不好计较。虽然嘴上不说，杨福喜心里也知道邻居们各家肯定有想法、有意见。怎么办呢？杨福喜不是不懂事的人，一方面尽量想办法减少噪声、减少干扰；另一方面挨家给人家作揖、赔礼，让街坊四邻哈哈一笑，就过去了。

还有一次，让杨福喜哭笑不得。英国路透社和英国BBC广播电台的记者来采访，隔壁人家正要吃包饺子，在案板上"咔咔"地剁菜馅。杨福喜能说什么，许你成天"咣当咣当"烦人家，不允许人家吃饺子剁菜馅？可英国人做事一丝不苟，觉得隔壁传来"咔咔"的声音影响录音效果，于是，便亲自跑到隔壁说明原因，请邻居给予配合。邻居家一看是外国人来请求帮忙，看在人家千里迢迢大老远来的，什么也别说啦，给个面子吧，不剁了。这老外也是，录完了音，也忘了和隔壁街坊说一声，害得人家过了12点，也没敢再动菜刀。饺子甭吃了，跑到外面一家小铺买了二斤包子当午饭。回头和杨福喜一说，杨福喜一个劲儿作揖赔不是，向人家表示道歉。人家也通情达理，对杨福喜说："往近了讲，咱们是老街坊；往大了说，你这是为国争光，是为了保护民族的文化遗产。咱们还说什么？"一番话，让杨福喜心里一阵发热，感动不已。没别的，无论怎么着，也得想着老街坊的关系，也不能光为自己合适，不顾他人的利益。打那时起，杨福喜就想着能有一个真正的铺面，或者是像模像样的工作室，尽管各方面都在努力，但是一时半会儿的还搬不出去这间简陋的小平房。

这间小屋有了点文化的氛围，南面墙上悬挂着谢肃方2000年来北京时赠送给杨家的一块金字红匾。这是谢先生亲笔书法，上书"聚元号老弓箭铺"。杨福喜把这块匾额挂在南墙上，用于激励自己。当杨福喜工作有些懈怠的时候，抬眼看到这幅匾，便油然生起说不出的情感，同时，越发感觉自己工作的重要，体会到自己肩负着一个不能推卸的责任。

徐开才和谢肃方这两位研究弓箭的专家成了杨家父子最好的朋友。

他们来到聚元号，不仅与杨家父子一见面就探讨传统弓箭的各方面问题，还介绍不少收藏家和传统弓箭的爱好者前来订购聚元号的弓箭。谢肃方不愧是中国射艺的研究学者和倡导者，他为中国的射艺专门制作了英文网站，通过网站向全世界的朋友介绍中国的传统弓箭文化，特别介绍了北京老字号弓箭铺聚元号的情况。

▌局促的工作间

一时间，网络中广泛传播北京聚元号这个弓箭老字号的故事。紧接着，新华社、《人民日报》、中央电视台、《北京晚报》、《北京青年报》、《中国档案报》等数十家新闻媒体对聚元号进行了多角度的介绍和跟踪报道，进而又有多家海外著名媒体纷纷派出记者来到聚元号工作室采访。光顾那间小小的十几平方米的工作室的，不仅有中国人，还有德国人、瑞士人、美国人……在一段时间里，有来自世界各地三四十个国家的上百名客人陆续走进这间简陋的小平房，简直是车水马龙，宾客盈门。聚元号开始成为众人瞩目的焦点，成为人们议论的一个话题。如今，只要一谈到中国传统的弓箭铺，大家自然就想到了杨家父子，想到了聚元号。

这样一来，那些束之高阁，一直在角落里睡大觉的弓箭，很快就被各地的博物馆先后选购为收藏品，同时也被闻讯而来的爱好者一抢而

徐开才与杨文通在香港海防博物馆前合影

空。尽管价格一路飙升,一张弓由最初的几百块钱上升到三四千元、七八千元,甚至上万元,可还是供不应求。一直为弓箭销路发愁的杨福喜,这时候则着急完不成供货合同了。

前来看新鲜的人不在少数,但来到这间小屋更多的还是找杨福喜定制弓箭的人。水利局大院的居民总能碰着前来买弓的人问路,有些语言不通的老外,一进大院就向居民摆出拉弓箭的姿势。随便问哪个居民,他们都能准确无误地指出聚元号的位置。

政府有关部门和民间艺术家团体也开始关注"聚元号现象"了。没过多久,聚元号弓箭技艺顺利通过专家论证,正式成为北京市非物质文化遗产。根据规划,北京市朝阳区政府相关部门决定选择适当地址,恢复聚元号老弓箭铺,并将开辟陈列室,展示弓箭制品及制作工艺,以期达到保护、传承、弘扬的目的。

如今，聚元号弓箭作坊已经离开了那间小屋，离开了水利局宿舍大院。潘家园设立有聚元号弓箭的专柜，由杨福喜的爱人打理。聚元号的生产车间先是搬到了高碑店的一个专门为手工艺规划的街区，而今又挪到了通州一个不被人关注的小村庄，这里是杨福喜姥姥家的所在。依靠亲戚朋友帮忙，杨福喜在村里租了一个农家大院。杨福喜对这个地方很满意，他告诉笔者，晚上睡觉真安静，多少年没有听到公鸡

▌杨福喜接受采访

叫早了。前几日，当笔者从新闻联播中得悉通州要建设首都副中心时，不禁想到了杨福喜刚刚安顿不久的工作室，是不是又要考虑迁址？于是给他打电话询问，杨福喜说，不但没有迁址，借助副中心建设，反而愈来愈红火了。周边的环境越来越美，交通更加便利，来找他的人也是愈来愈多。看来，杨福喜要在这个大院大展拳脚了。

第四节

潜移默化的演变

　　杨福喜小屋的墙上，贴着一张订单的时间表。他的订货本上，也密密麻麻写满了买家的相关记录。尽管这一年刚刚开了个头，可这一年的供货订单已经满了。

　　如今的杨福喜已经不再为生计苦苦挣扎了，他手中的订单已经排到了明年甚至后年，而且还有新的买家纷至沓来，络绎不绝。

　　随着对中国射艺认识的不断加深，杨福喜愈发理解了聚元号老字号的文化内涵，他的观念也随之有了质的提升。他明确表示：我不是什么活儿都接。有一次，一部号称投资5000万美元的大制作，据说是具有史诗一般情节的电影剧组找到了杨福喜，要求他按照剧组的图纸赶制一批弓箭，报出的价钱十分诱人。要搁过去，这可是打着灯笼找不着的好事。结果，杨福喜摊开图纸，看了制作的要求，提出了不同的看法，两边经过一番讨论后，让剧组万万没有想到的是，杨福喜断然推掉了这笔本可以轻轻松松就能拿到的酬金。理由很简单，杨福喜觉得剧组提供的图纸不符合祖制。照这个图纸做出的弓箭会坏了聚元号的名声，不能因为一笔买卖砸了老字号的牌子。

　　"不就是赶一批活儿吗？人家买的是道具，又不是艺术品，干吗那么认真？"有人这么劝杨福喜。

　　"如今聚元号的弓箭就是艺术品，它可不是一般的商品！"杨福喜要捍卫聚元号的传统文化，回答得斩钉截铁："只要是我做的弓箭，人家就会说是聚元号的水准；人家不会说是道具，而是说聚元号出来的玩意儿不地道。我不能坏了聚元号300年历史留下的名声！"

自从杨福喜正式接过了父亲传下来的手艺，无论生意清淡还是火爆，都固执地遵从着祖上留下的规矩。客人来聚元号定制弓箭，从来不用付定金；买回的弓箭，不管用了多少年，终身免费保修。曾有人出高价邀请他去外省开分号，可他担心自己分身无术，别人做出来的东西不成样，摇头回绝了。杨福喜喜欢"以弓会友"。"瞅得顺眼谈得来"，他宁愿少卖些钱，也得交上这个朋友。

有人看上了杨福喜那把清道光三年（1823年）制作的纪念老弓，要出10万元的价钱购买。杨福喜笑笑，不容商量地说："甭说10万，就是100万、1000万，我也是两个字：不卖！为什么？那是老祖宗传下来的。古语讲'冻死迎风站，饿死不弯腰'。这张弓能够存世到今天，已经不是我们杨家个人的了，这是中国的老物件儿，是中华民族的传统老弓，我不能为这'仨瓜俩枣'，就把自己的祖宗卖了！"

一位在加拿大的华裔朋友非常喜爱中华民族的传统射艺，特意以年薪10万元邀请杨福喜到加拿大传授中国弓作。他告诉杨福喜：一切都给您准备妥当了。无论是工作室，还是您的居住环境、生活待遇，保证让您满意。但是同样被杨福喜一口回绝了。他说："我的根在中国，我继承的是中国民族弓，你们要学可以来北京，我不会离开北京，离开中国。"杨福喜就是这么执拗的人，一旦他看准的事情，就会坚定不移，不容改变。

第八章

古代弓箭文化

有人说，一个民间流传下来的弓箭铺，也不是什么涉及国计民生的大事，它的生与灭无足轻重，不要把事情看得那么严重嘛！但是，专家学者不这样看。他们认为，这中华民族的传统弓箭非同小可，可不是简单的体育项目，而是涉及中国的传统射艺，属于宝贵的非物质文化遗产，是国家亟待保护的项目。

让我们看一看中国的传统射艺究竟是怎么回事，回眸曾经的辉煌。

第一节

古代射艺

所谓弓，是由弹性的弓臂和有韧性的弓弦构成；弓者，揉木而弦之以发矢。现在看来，不过是再简单不过的曲射武器或是工具而已，但在古战场上，则是最普遍的一种常规武器。这种武器可大量使用于射程较短、精度要求较高的场合。

根据考古发现和历史文献记载，中国弓箭的制作与使用有明显的民族特色。我们的祖先认为，"弓生于弹"。因为弓箭在狩猎中所具有的重要意义，远古先民对弓箭赋予了某种神圣性。

历史上，善射的人往往成为人们尊崇的英雄，得到极高的礼遇，受到热血青年的崇拜。千百年来，中国古代曾经产生了许多关于善射英雄的传说。这里不妨略举一二：

"羿射九日"的故事至今依然在民间广泛流传。羿是一个很高明的弓箭射手。他射法高明，百发百中。尧当首领的时候，天上出现了10个

杨福喜展示珍藏的老物件

太阳，造成天下大旱，地上的庄稼都枯死了。一些凶禽猛兽也出来为害百姓。于是尧派人请羿来，让他用强弓利箭射下了天上9个太阳，解除了人间的旱情；又射死了各种为害人民的野兽，使百姓得以安居乐业。大家都称赞尧的功德，举尧为天子。羿则当了一个部落的首领。这个神话反映了古代人们的心理：弓箭的威力可以战胜自然灾害。

除了"羿射九日"的神话外，古代还有"逢蒙学射""纪昌学射"的故事。

羿的射法出了名，就有许多人来跟他学射，逢蒙是羿门徒中学得最好的一个。逢蒙是个心术不正的小人，他以为除去羿，射箭英雄就数他了，于是一心想把羿除掉。一天，他乘羿打猎回来，躲在树林子里，一连向羿放了10支暗箭。羿躲过了9支，等第10支箭射到喉前时，羿一低头咬住了箭镞，使逢蒙知难而退。据《列子》记载：飞卫是个著名的射箭教师，纪昌曾投到他的门下学射。他先教纪昌练注意力，锥尖刺到眼前也不能眨眼。又教他练眼力，能视小如大，视微如著。纪昌很快就掌握了射箭技术。

"逢蒙学射"和"纪昌学射"的故事，反映了我国古代很早就有了射箭教师，懂得提高身体素质和掌握技术的关系。

春秋战国时期，射箭运动普遍开展，射箭能手也比较多，楚国养由基的"百步穿杨""射穿七札"的故事最为出名。据《左传》记载，养由基是楚国的一员小将，在晋楚鄢陵的战役中，他一箭射死晋国的大将魏锜，遏止了晋军的进攻，受到楚共王的赏赐。楚军中另一员小将叫潘党，也是一个神射手。他不服养由基的本领，便找养由基比赛射箭。射圃中立了靶子，站在百步之外，两人各射了10箭，都是箭箭中的，分不出输赢。有人想出了个主意，在靶场边的杨树上染红了一片叶子，两人都射这片叶子。结果，潘党没射中，养由基却一箭射中。潘党又提出第二项比赛：射胸甲。潘党叠了五层甲，一箭洞穿。养由基又增加了两层，射穿了七层胸甲。百步穿杨、射穿七札，既要有足够的力量，又要有精良的器械，不但显示了春秋时代射箭技术的进步，同时也反映了当时社会生产力的提高。

射箭还是军事作战的重要技能，为历代军事家所重视。《汉书·艺文志》记载了各种

古人测试弓箭力量的方式

射法23篇，唐以后记载射法的书更多。历代以射箭闻名的高手更是层出不穷。如汉朝的李广"射石没羽"，北齐的斛律光"射落大雕"，北周的长孙晟"一箭双雕"，唐朝的薛仁贵"三箭定天山"，宋代的岳飞可以"左右手射"，等等。北宋有"弓箭社"，蒙古、女真等少数民族"忙则农耕，闲则射猎"。上述内容都说明射箭在我国有广泛的群众基础。

古代战争常以军阵对垒的形式展开，弓箭在军队中的作用和地位相当重要。唐代《太白阴经·器械》中记载：唐代一军队编制12500人时，装备"弓一万二千五百张，弦三万七千五百条，箭三十七万五千支"，弓箭手们于战阵前一字排开，控弓发箭，千弓同张，万箭齐发。霎时之间，矢如雨注，箭若飞蝗。

古时作战常由为数众多的弓箭手齐射给对方制造威胁，形成战斗力。弓箭手通常身着轻装，没有盾，但有简易的自卫武器，如匕首或者短剑。弓箭手大多是列成横队，阵地前埋设木桩，用以阻止骑兵的突击。当箭射完，他们就退居二线了。三国演义当中所描述的赤壁大战，诸葛亮"草船借箭"，就是以其人之"箭"，还治其人之身。

杨福喜对传统弓的力量给予了解释：我们管拉弓力的单位叫"几个劲儿"。像乾隆爷用的就是"五个劲儿"，大概45斤的样子。用大拇指戴着扳指拉45斤的弓弦，大致相当于右手水平伸直提着45斤的重物（奥运会女子射箭的弓的拉力最大可达约43斤，电视上能看到女运动员拉着弦纹丝不动，相当不容易）。

相传过去有人能拉开100斤的弓，有人对此有怀疑。其实不会有假，不过那不是射箭的弓，而是纯粹练臂力的硬弓，射箭的弓的拉力到60斤几乎就是顶级的。过去科考，习武之人要考武状元，那起步标准就要拉160斤的硬弓，不然下不了武科场。因为武科场里什么护具都不让戴，所以选手私下里练时，弓的拉力得达到200斤。

弓的力度是怎么调节的呢？依靠弓弦自然就可以伸长缩短，但力度是不能变化的，是多大劲就多大劲。比赛中运动员有时在一点点拧这个弓弦，有些观众会误认为运动员在调这个劲儿，实际不是。运动员调的是弓弦到手腕的距离，一般是21厘米左右，过长过短都不好。

▍杨福喜在测试弓的力量　　　　　　　　　▍杨福喜在测试弓的数据

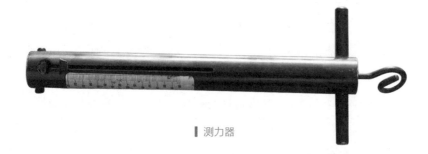

▍测力器

▍测力器刻度

第二节

弓箭行业的祖师

三百六十行，行行有来头，行行有始祖。那么，中国传统弓箭行业的祖师爷是谁？很多人猜不到，杨福喜告诉笔者：轩辕黄帝被奉为弓箭行业的祖师爷。

要说轩辕黄帝，是中华民族的祖先，怎么成了弓箭行业的祖师爷呢？杨福喜从父辈口口相传的故事中给笔者做了转述：

据说，当年轩辕黄帝出外办事，走在路上碰见了一只下山的老虎。这老虎饥饿难耐，是下山觅食的，见到轩辕黄帝当然不肯放过。老虎对轩辕黄帝紧追不舍，眼看就要追上了，恰巧前面有一棵大树，轩辕黄帝急中生智，连攀带爬上了大树。老虎上不了大树，但是不甘心哪，就在树底下转悠，迟迟不肯离开。这可怎么好呢？用什么武器把老虎赶走呢？轩辕黄帝左顾右盼，猛然看到缠着树干生长的藤蔓，于是有了办法。他折断树枝，拽下弹性很强的藤蔓，以树杈为弓，以藤蔓为弓弦，以树枝为箭，创造出最原始的弓箭，以此击退了老虎。

轩辕黄帝回到家里，寻找更合适的材料，进一步完善弓箭的功能，终于制作出具有一定杀伤性的新式武器。过了很多年以后，制作弓箭的工匠形成了一个行业，这个民间传说在弓箭艺人口中代代相传，当世上开始流行祭拜祖师的活动时，弓箭行的艺人们便将轩辕黄帝奉为了祖师。

黄帝之后，楚有弧父。弧父者，生于楚之荆山，生不见父母，为儿之时，习用弓矢，所射无脱。以其道传于羿，羿传逢蒙，逢蒙传于楚琴氏。琴氏以为弓矢不足以威天下。当是之时，诸侯相伐，兵刃交错，弓矢之威不能制。琴氏乃横弓著臂，机设枢，加之以力，然后诸侯可服。琴氏传之楚三侯，所谓句、鄂、章，人号麋侯、翼侯、魏侯也。自楚之三侯，传至灵王，自称之楚累世，盖以桃弓棘矢而备邻国也。自灵王之，射道分流，百家能人用，莫得其正。

上述记载，多少也印证了杨福喜所讲轩辕黄帝为弓人祖师的故事。

农历四月廿一日是轩辕黄帝的祭日。同样，这一天也成为京城弓箭行内所有手艺人家的节日。北京城内弓箭行业祭奠轩辕黄帝的活动一直延续到1952年。杨文通回忆，这一天各家弓箭铺的手艺人全都要放假歇业。各家弓箭铺掌柜的，铺里白活、画活的主要手艺人，都要到德胜门外弓箭馆台胡同内的弓箭行共同的祖庙参加庆典。烧香祭祝，设宴唱戏，在祖师爷像前三拜九叩，以表虔诚之心。所有的弓箭艺人都希望能够得到轩辕黄帝的佑护，让弓箭行的人们遇难呈祥，逢凶化吉，吃喝不愁；同时，也希望轩辕大帝能够保佑弓箭行业生生不息，绵绵延长。

当年弓箭行里的祭祖有什么仪式呢？

首先，要给轩辕黄帝的塑像换上一件新衣服。衣服用什么材料制作呢？这位祖师爷不穿绫罗绸缎，不戴金银首饰，穿的是树叶做的衣袍。不知是弓箭艺人生活艰辛，买不起高档的衣料孝敬祖师，还是因为原始的弓箭离不开树枝树叶的缘故。其中的缘由说法不一。不过，不管怎么说，农历的四月天，北京已经接近初夏，万物争荣，花木繁茂，匠人们采摘树叶为祖师爷做成衣服，不过是举手之劳，无须多么大的花销，对工匠们来说没有什么经济负担，倒是好事一桩。承接祭祖活动的铺子要在农历四月廿日之前派人到庙里掸掉祖师神像上的灰尘，让祖师爷浑身上下焕然一新，穿上树叶做的衣服，披上大袍。

在家的女人和孩子们也沾祖师爷的光，这一天不用忙于活计不说，还可以吃白煮肉，品黄花鱼。当然，吃饭用餐前还要有个仪式，要烧香磕头，默默许个愿。据说，这一天许的愿最容易实现。

一年一度弓箭行的祭祖活动，所有花销由各家弓箭铺均摊，由各家弓箭铺轮流坐庄承办。

弓箭行的祖庙规模不算小，据说有20亩地，地点就在今天德胜门的西侧弓箭台馆胡同内。弓箭行匠人祖庙是公产，相传是清朝时的一位皇帝御批后修建的。当时的祖庙有房屋四座，在大堂设有祭台。1952年以后，庙产全部归公。原来的守庙人一家也就搬出了祖庙，不知去了什么地方，京城的弓箭行祭祖活动就此画上了句号。1967年，德胜门弓箭台馆胡同的弓箭大庙被拆除。2003年，因为发展交通要修路，弓箭人家祖庙的最后一点遗迹荡然无存。

杨福喜自打接了聚元号，始终记着这档子事，在农历四月廿日那天跑到祖庙的老地方转悠了好几圈，可哪还找得到过去的模样呢？说来也巧，英国著名学者谢肃方与香港凤凰卫视的一个摄制组来北京，找到杨福喜，约他一起去德胜门弓箭台馆胡同寻访弓箭人家祖庙的痕迹。杨福喜向摄制组的朋友指点当年的旧址，同时告诉谢肃方：当年看守祖庙的人家已经不知道去向。这话正好让一位路过的老太太听见了，她便问杨福喜："你们拍什么呢？"老太太告诉杨福喜："我的父亲就是过去看守这弓箭祖庙的，多少辈儿就住在这儿。"老太太姓邱，说起祖庙的情况，比杨福喜还清楚，把弓箭人家祖庙的来龙去脉说得清清楚楚。这让摄制组的人大为吃惊，传统弓箭的香火在人们记忆当中真是生生不息，代代传承啊。

第三节

射艺的传播

历史上，中华民族讲究"赳赳武夫，公侯干城"。礼、乐、射、御、书、数，是儒家要求儒生们必须学习的基本知识和技艺。"射"是六门功课之一。古时的青年男子必须学习射箭之术，学习射箭礼仪。有研究学者认为，上述技艺直接影响国民气质性格的形成。在冷兵器时代，学习射箭之术，有助于民众国防观念的形成，有助于培养民众开放、勇敢、大气的气质与性格。

在北京民间文艺家协会所组织的展览会上，杨福喜不厌其烦地向围在聚元号展台的观众介绍着弓箭的一般常识："现代人对历史上的弯弓射箭有所误解。古人射箭大致有两种方式——地中海式和蒙古式。当用'蒙古式拉弓法'拉弓时，拉弓的力直接作用在拇指上，拇指会受到伤害，因此必须戴上一个指套来保护拇指，这就是扳指。扳指一般戴在右手大拇指上，写字的时候可以戴在左手大拇指上，但不可以戴在其他指头上。"杨福喜指出：复兴射礼等民族礼仪与人文体育活动，将会有助于国民气质与性格的重塑。

央视和中外很多家媒体开始关注聚元号，杨福喜经常出现在各家电视台的访谈节目中。以下是媒体相关报道：

▌扳指

▌戴扳指的位置

▌聚元号所藏扳指锦盒

▌扳指锦盒

　　武警九支队六中队迎来了一批特殊的客人，他们有的背着弓箭，有的提着一个金属大箱子，浩浩荡荡地走进了军营，这支队伍是由团结湖街道三四条社区的能人们组成的慰问团，来给武警战士们献上自己的绝活。

　　传统手工艺与现代科技齐上场。聚元号的第十代传人杨福喜带来了自己制作的弓箭，给战士们一一讲解。"这是一把传统的长弓，适合在马上使用，但它的硬度很大，哪位战士愿意上来试试？"一位小战士自告奋勇来到台上，握紧弓身，拉动弓弦，可使了半天劲弓也只拉开了一半。"真想不到这么难，看来古代的骑马射箭也和我们现在的射击训练一样需要勤学苦练。"

杨福喜不放过任何弘扬民族弓箭艺术的机会。在有关部门的努力下，他与香港知识产权署署长谢肃方、原国家射箭队总教练徐开才联袂到团城演武厅，对"兵器工坊"科普项目进行指导。谢肃方是研究中国古代弓箭及传统射艺的专家，著有《百步穿杨——亚洲传统射艺》及《射书十四卷》等书籍，徐开才是中国弓箭射艺研究的权威，而杨福喜则作为"聚元号"传统弓箭的第十代传人有着无可替代的弓箭制作专家身份。

　　中国的射礼或许能在这些推介人孜孜不倦的努力下，绵绵不绝，薪火相传。

　　国家文化部、中国社科院的有关专家对聚元号进行了全面的考察，对保护和传承聚元号做了大量的工作。多次邀请杨福喜参加国家级和北京市级的文化艺术交流和展览活动。

▍杨福喜指导武警战士

▌杨福喜与弓箭爱好者交流

第四节

古代射礼与奥林匹克

有专家指出，奥林匹克运动起源于公元前776年的古希腊，与中国射礼的普及年代约略相当，但两者所体现的文化却有着明显的不同。

一、"揖让而升"的仪礼

春秋时期，诸侯纷争，弓箭成为战争中不可或缺的武器。正是在崇尚武力的时代，儒家却将弓箭变成礼乐教化之具，引导社会走向平和，这便是射礼。射礼所追求的是以通过射箭比赛，礼乐配合、谦逊和让、道德自省，以"教民礼让、敦化成俗"。射礼被称为"立德正己之礼"。

具体地说，射礼是以射箭、比赛、礼乐、宴饮为载体的中华传统礼仪。"射"是表，"礼"则是其核心价值。《礼记》中的《射义》篇，阐述了这一礼仪的意义。因为射箭必须经过专门的训练才能掌握，通过射箭活动，可以"调人性情，长人信义"。也可以说，受教育者通过"射艺"的学习过程，能提高自身德、智、体以及心理素质等方面的修养。

古人在射箭比赛中讲究"揖让而升"的仪礼。"揖让而升"的基本内容包括两个方面。一是指与合耦的射手上堂比射时的一连串礼节，二是指耦与耦相遇时的礼节。

第一番箭射开始时，上耦的两位射手拱手谦让后，从庭西并排往东走，上射在左侧，下射在右侧；走到正对着西阶的地方，两人拱手谦让，然后北行；到西阶下，彼此再次拱手谦让。于是，上射先登阶，走到第三级台阶上时，下射才走上第一级台阶，两人之间要空一级台阶。上射走到堂上后，要略向左侧站立，以便为下射让出登堂的地方，并在此等待；下射登堂后，上射面朝东向他拱手行礼，然后并排向东走去。当两人都走到正对着射位符号的地方时，面朝北行拱手礼，然后北行；走到射位符号前时，再次面朝北行拱手礼。司射在合耦时，充分考虑到了他们的水平，每一耦的上射与下射，水平都比较接近，竞争必然比较激烈，二者之间必有胜负。但是，射礼要求射手每一个仪节都彼此敬让，每一番射都是如此。以此来培养竞争者的修养。

二是指耦与耦相遇时的礼节。比赛的胜负，是以三耦的上射为一组，下射为另一组来计算的，因此，除了自己的一耦中有自己的对手外，其他两耦中也有自己的对手。在射礼中，耦与耦相遇，也有详细的礼仪，以示尊敬。例如，上耦射毕，并排下堂，上射在左侧。此时，中耦已开始上堂，在西阶前与上耦交错，对方都在各自的左侧，此时彼此拱手致意。再如，在取箭的途中，上耦取箭完毕离开时，与正在走往箭架的中耦相遇，对方都在各自的左侧，此时双方拱手致意。又如，饮罚酒时，负方射手下堂时，在西阶之前与接着上堂饮酒的下一耦射手交错而过，对方都在各自的左侧，彼此拱手行礼。

二、射礼与奥林匹克的射箭比赛

1980年，为纪念中国奥林匹克委员会恢复在国际奥委会的合法地位，我国发行了"中国奥林匹克委员金银铜纪念币"。该套纪念币共18枚，其中金币2枚，银币8枚，铜币8枚。纪念币的背面主题图案有四个，分别为："古代射艺""古代足球""古代骑术""古代角力"。图案采用中国传统造型艺术中的汉代画像石艺术风格，古拙朴实，具有浓郁的民族特色，很好地表现了中国古代体育文化的风采。其中部分纪念币采用加厚坯饼和多次压印等特殊工艺，以增其值。向社会发行后，备受各国收藏家的推崇，被誉为"有史以来最罕有、最具独特风格的奥林匹克纪念币之一"。其中以"古代射艺"为主题的纪念币共有6枚，分别为20克金币、10克金币、20克银币、10克银币、12克铜币、6克铜币各1枚，受到世界各地收藏爱好者的青睐。

2008年，北京主办中国有史以来第一次世界奥运会，中国的传统射艺引起了社会各界的广泛关注。

在古希腊人的理念中，人的精神与体魄是分离的，精神由上帝管理，人只负责自己的体魄。古希腊的体育精神，是强调力量、速度、高度、技巧的竞争，注重体魄强健和雄美。竞技的胜利者就是超群绝伦的英雄，要用饮酒的方式予以奖励。奥运会奖杯的形状，都是放大了的酒杯；而我国自武王克商之后，儒家认为：人的精神与体魄是由自己主宰的。作为有修养的人，不仅要有健康的体魄，还要有健康的精神世界。只有在健康的精神指导下，体魄和技能才会更有价值。

在儒家主持的乡射礼仪中，失败者要用大杯饮酒，不过饮的是罚酒，因为他们的技能和德行处于下风，需要用罚酒这个形式给予警示。这是东西方文化的显著差别之一。

令人深思的是，在与古希腊同样是征战不息、崇尚武力的春秋时代，儒家铸剑为犁，在保留田猎之射的形式的同时，"饰之以礼乐"，重塑了射击竞技运动的灵魂，将它改造成富有哲理的"弓道"，成为引导民众全面发展、社会走向和平的教化之具，这是中华文明对人类的贡献之一。

如今，东西方文化通过奥林匹克运动得到了广泛交流；增强了了解，增加了友谊，在奥运五环旗下，地球村的人们开展了和平的体育竞赛。很多有识之士都殷切希望中国的民族传统射艺和射礼能够被更多的人了解，能够在世界范围内得以弘扬。

第五节

弓箭文化影响深远

随着非物质文化遗产名录的公布，聚元号弓箭铺名声远播，杨福喜频频在媒体上露面，网络上关于杨福喜的资料已经有上百条。当笔者问起他的感触时，他低头思考了一会儿，才讲道："说实话，做了弓匠，物质上没什么大变化，精神上变化太大了。要说开出租那时候，满脑子都是钱！所以，一开始做弓，就想着这是个家传独门手艺，没准儿能挣点钱。可一旦投入了，爱上这个了，就真不一样啦！搁着原来，打死我都不信，有人会像报纸上说的那样：重精神，不重金钱。你想吧，一个称职的弓匠，一辈子不停地做弓，最多也就能做出1000张。我40岁才开始做，到头儿了，也就能做出几百张。可就这几百张，全世界哪儿都没有哇。冲这个，只要有碗粥喝，我就不歇着。我有成就感呀！"

杨福喜不仅继承了聚元号的老传统，还不断对弓箭进行开发。他告诉笔者："靠着独门手艺制作弓箭，养家糊口过日子已经没问题。我们手艺人很实际，没什么奢望。"他说，自己很庆幸走对了路，"现在就怕人家一次订购很多弓箭，实在做不过来。"杨福喜通常一批做10—13张弓，耗时三四个月。手艺人有一个规矩，凡是"作坊"里陈列的东西，都得卖。"所以对特别满意的弓我就赶快收起来，不让他们看。否则，你要是不卖吧，说不过去；卖出去了，我心里也惦记着。"老杨说这话时的神气，像个狡黠的孩子。

在杨福喜眼中，每一张弓都有着独特的个性和灵魂，"锉刀多一下少一下，描金浓一笔淡一笔，出来的东西就完全不一样了。"他侍弄着手中的弓，就像是在抚育一个个有知觉的生灵，把自己的全部心血和精力几乎完全倾注在这一张张的弓里面了。

要说连续作业100天左右时间，做出弓的成功率有多少，一般不超过50％。最有意思也最让人郁闷的是，只有上好弓弦，完成白活的最后一道工序，才能知道这张弓做得是否成功。

笔者在2007年采访杨福喜的时候，得知他的一张弓售价大约在两三千元人民币。但是到2012年，笔者再次问他一张弓的价码时，已经飙升至5万元上下。5年光景，价格上涨十几倍。这一张弓可不是一般人买得起的。然而聚元号弓箭的订单量还是直线上升。2007年以前，跑到杨福喜的弓箭作坊买弓的客人多为各地博物馆，博物馆买这一类的弓箭主要是作为展品，买一套弓箭不一定展示多少年呢，不可能年年买。再有就是古装影视剧的导演制片人，诸如拍摄大型古装戏《赤壁》时，就有大导演登门造访，要购买杨福喜的弓箭。

现在买主又是哪些人呢？收藏家为多，特别是外国的收藏家不在少数。杨福喜告诉笔者，曾经有一位老买主登门，告诉他几年前买的一张弓有点毛病，让给修理一下。杨福喜曾经承诺终身保修。买主到杨福喜的工作室看到有几张刚刚做好的弓，不禁拿起来端详。杨福喜说，你看上哪一张弓就拿走，老主顾了嘛。这位买主从十几张弓中挑出一张中意的，问这张怎么样？还用加钱吗？杨福喜说不用加钱，旧的您留下就行了。买主高高兴兴拿了一张新弓告辞。杨福喜将那张旧弓修理之后，没过几天就卖了出去。没有想到，之前那位买主又找上了门，还想要那张老弓，问那一张弓卖给了谁？他要出高价赎回来。杨福喜问：您这是干吗呀？买主说：搞收藏的朋友告诉我，那张弓是您爷爷做的，那价码往后只有涨没有落。

即便这样，杨福喜讲，聚元号弓的价格虽然已经让很多国人望而却步，但如果和国际上一套普通的竞赛用弓相比，还远远不在一个档次上。

杨福喜认为："用传统工艺手工制作的弓箭，在精准度上无法与竞赛类的弓箭相比，我所制作的东西之所以还有市场，主要体现的是文化内涵和民族底蕴。当然，还有收藏价值。"

汝果欲学诗，工夫在诗外。杨福喜深知其中道理，他在研究制作民族传统弓箭的同时，十分注意汲取中华民族优秀的传统文化，在祖父和父亲的言传身教下，民族的传统文化在潜移默化中影响到他的言行举止和为人处世的细枝末节。

杨福喜对自己从事弓箭这一行颇为感慨。他认为，要说自己这些年的变化，主要还是在精神生活上。如果单从这个意义上讲，那40岁之前算是虚度光阴。40岁之后干的这件事情，虽然忙得不可开交，甚至没白天没黑夜的，连睡觉都不踏实，但是有了成就感和自豪感。作为人而不是动物，怎么也得有精神世界啊！毕竟这是独门手艺，咱是聚元号老字号的正经传人。

第九章

难题一道道解开

鲁迅先生说过，世上本无路，走的人多了，也便成了路。杨福喜走的这条路不可能有很多人走，不说是独木桥，也是很狭窄的。要往前行，没有那么多的同行者，难题就像一道道绊马索拦在杨福喜的面前。有些难题在有关部门和热心人士的帮助下逐步得以解决，有些还尚在解决之中。

第一节

无章可循的苦恼

聚元号虽然已经被列为国家级的非物质文化遗产，并被确定为京城百年以上的老字号，但杨福喜所经营的弓箭制作工作室却不是合法的经营单位。这位全国唯一的弓箭作坊的传人仍然在为聚元号取得合法经营而苦苦求索，四处奔波着。

什么原因呢？因为国家有关部门对弓箭性质的定位。这些部门认为，弓箭是一种武器，具有一定的危险性，所以规定单位或个人不得从事弓弩制作。

杨福喜说："以前我们家是有经营执照的。"杨福喜让爱人专门到北京市档案馆查找关于历史上聚元号的经营手续。别说，还真查到了不少证据。聚元号最早的经营证书在清朝的咸丰年间。1949年9月，北平市人民政府核发了杨瑞林提出的经营申请，发给了经营执照，经营地点在弓箭大院21号；20世纪50年代初期，北京市人民政府工商局为聚元号弓箭铺正式颁发了经营许可证，这个证书明确了聚元号的经营范围：主营制作弓箭，兼营制作猪皮鳔，资金注册资本1280万元（旧币），由杨瑞

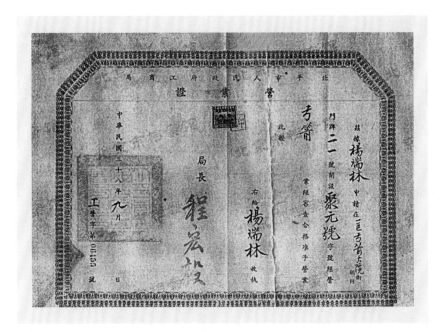

中华人民共和国成立之前的经营执照

林独资经营。但是时过境迁，这些档案资料还是不能证明聚元号今天经营的合法性。经营上百年的老字号怎么到今天反倒不允许了呢？有人告诉他："你别忘了，就是清朝那会儿，生产这弓箭也是有严格限制的。当年的弓箭作坊不是也规定不能随便买卖，统一由朝廷管理吗？"

杨福喜一想，也是，可咱同意接受监督和管理，总不能因噎废食，不许经营吧？

笔者曾替杨福喜出主意："如果到民政局注册一个聚元号民间艺术研究室或者是传统技艺研究中心，不说是弓箭铺似乎就没有这方面的问题了。"

有人摇头，认为这不是正经路数。不管怎么说，杨福喜所做出的弓箭也不是白送人，也要用货币交换。在产品销售时，肯定有资金往来，这就

中华人民共和国成立之初的经营执照

是当前管理部门需要解决的问题了。

那么，聚元号制作的弓箭属于哪一类呢？算不算武器？如果是武器当然不能随便出售。许多人今天买张弓，并不是要围猎，而是挂在屋内当作工艺品或者是作为"镇物"，这类买弓的人根本不买箭，有的即使买几支箭也是摆在室内做个样子，这与武器肯定不沾边。关键是如何看待今天弓与箭的功能。

如果说聚元号的弓是民族传统的艺术品，那么杨福喜就不是在"生产弓箭"，而是在复制我国的民族传统艺术品。可是这"复制艺术品"的行当该由谁管理呢？工商部门认可不认可呢？目前也没有人给杨福喜一个明确的答复。

杨福喜盼望尽快有个答复，关心聚元号的各界人士也是拭目以待。

第二节

漂泊当中的弓箭铺

如今的聚元号已经离开了在高楼林立下的那间简易小平房。在有关部门协调之下，先是高碑店一家公司向北京老字号和民间艺术家发出邀请，免费提供门店，大的门店100多平方米，小的也在90平方米左右，这同仅仅十几平方米的小屋相比，简直就是天堂了。杨福喜很快就将聚元号搬了过去，当时的想法是，甭管怎么样，不必在这居民大院里憋屈。再后来，潘家园古玩城为聚元号弓箭提供了向外展示的一个窗口。潘家园是做古董买卖的地方，古玩城似乎与这冷兵器时代的弓箭有着某种共同点，特别是对聚元号弓箭感兴趣的朋友在这里可以探讨甚至进行弓箭方面的交易。可是，要把这里当作当年的东四弓箭大院，生产制作弓箭却是万万不行的。如今，杨福喜将自己的生产车间、库房、弓箭展示厅挪到了通州台湖一个偏僻清净的小村里，租赁了一个相对宽敞的农家院。

聚元号弓箭铺难道就在通州"扎下去"了吗？很难说，虽然这个村是杨福喜的姥姥家，有亲戚朋友帮衬，但因为是租借的房子，这里也不能说就是聚元号的"定居"之地，说不准还会不会继续漂泊。

第三节

怎么还没有带徒弟?

2007年，当笔者问杨福喜为什么不让杨燚接班时，杨福喜一脸恨铁不成钢的样子："过了年，我让他帮助我干活儿，你猜他说什么？还没有过正月十五呢！不是按老例儿吗？过去学徒过正月十五才干活儿呢！你瞧，他还蛮有一套歪理等着你呢！"其实，孩子是在和他老爹逗乐呢，无奈杨福喜就是这么较真儿。

杨福喜说："聚元号的传人目前就我一个人，万一我有个三长两短，这门手艺就断送在我手里了。你说，我能不着急吗？可话说回来，这收徒弟也不是简单的事儿。我儿子虽然喜欢做弓，可我总担心他吃不了制弓的这份苦。一张弓的价码，现如今总有万儿八千元的吧？这让很多门外汉瞅着眼红，觉得似乎做弓箭是个不费力气的生财之道。做弓要受的脏累苦痛，可能就只有我自己知道。"

杨福喜介绍说："做弓有三件头等苦事，每一件都不是一般人能承受的。其一，是往弓胎上粘蛇皮。用什么粘，一般人肯定想象不出，得用温度和湿度都合适的唾液当黏合剂。这就意味着做弓人要把又咸又臭、一般人闻着都恶心的蛇皮舔湿。其二，是磨牛角时飞出的粉末只要粘在身上，就会感觉刺痛，而且连洗澡都洗不掉，那个痛苦和难受的劲儿，没有经受的人往往很难想象得到。其三，是往弓胎上铺牛筋。这道工序见不得风，夏天也得紧闭门窗，然后再在屋里生起熔软牛筋用的炉子。在这种环境中，身体稍微虚一点的就得当场昏倒……"

当笔者见到被杨福喜一通褒贬的杨燚时，得到的印象与杨福喜所描述的形象大相径庭。这孩子，一米八几的大个子，身材魁梧，比他父亲高半头，戴着一副黑框眼镜，文质彬彬的模样。与杨燚简单地聊上几句，笔者感到小杨是个很本分的孩子。杨福喜对自己的孩子期望值太高，同时也想让儿子像自己小时候一样受到摔打和磨砺。可他忽略了一点，现在孩子的思维方式和他年轻时候不可同日而语，爷儿俩在很多事情的认识上有所不同。笔者问杨福喜的夫人："您对杨燚怎么看？"杨夫人回答："别看他五大三粗的，心挺细。"杨燚内心里还是很想接父亲的班的。现在，杨福喜如果要发个电子邮件，或者接收外边来的网上的信息，还要靠儿子。杨燚虽然还没有正式成为杨福喜的徒弟，但是他每天生活在弓箭制作的氛围之中，每天接触弓箭制作的各个环节，对弓箭制作这一行的感触可谓不同于一般人。此外，杨福喜的夫人如今不仅仅是"内当家"的，在聚元号经营中，她担负着各种原材料采购和业务的联系等重任。老杨一家三口已经完全投入到祖辈传下来的行当之中。

即便这样，是不是就让儿子正式学习这门手艺，杨福喜还是没有拿定主意，他还是有心收外面来的孩子为徒弟。杨福喜说："现在有不少年轻人跟我联系，想来学这门手艺，还净是名牌大学的。我也是左右为难。如果按照老规矩吧，那收徒弟必须管吃管住，还得给徒弟零花钱。吃饭好说，我们家有一口饭就不能让你看着吃不着。可住哪儿，你看这个地方窄憋的，我一个人还耍不开呢，人来了住哪儿？虽说这几年通过朋友的帮助，有了一定的经济收入，但也只能是维持日常生活而已，这带徒弟的开销还承受不起。"

另一方面，杨福喜认为，即使有心收徒，可也还没有遇到可传之人。如今杨福喜最期望的就是找到合适的接班人，把手艺传下去，且赶早不赶晚。但是，最让他发愁的，莫过于找不到合适的徒弟。自打他传出话要收徒弟以来，已有20多个表现出浓厚兴趣的人登门拜师。然而，经过一番了解，或者是知难而退，或者是被他婉言回绝。杨福喜说，要成为他的徒弟，必须满足几个条件：一是家庭经济条件好，不用把做弓当成"扶贫"的手艺；二是真正热爱弓箭制作；三是能吃苦耐劳。此外，最好还得具备一定的艺术品位和美术功底。

"不过不管是谁，刚一来只能算作伙计，不是徒弟。"在他看来，两者之间有着根本的区别，伙计只能做最基本的加工活，不接触核心技艺。"我宁肯忍痛失传，也不能把手艺传给心术不正的人，伙计要想升格成徒弟，要经过一段时间的考查。如果确实可教，人品好，就会举行一个亲友见证的收徒仪式。"杨福喜说。

杨福喜将老辈子的经验教训铭刻在心。他向笔者说起祖父杨瑞林与他几个徒弟当年的故事。

"我爷爷带了不少徒弟。那些徒弟也是有好有坏，良莠不齐。最坏的一个，差点没把我爷爷送局子里去。这小子当了江洋大盗，犯事儿了，警察抓住他，跟他要赃物。他说都给我爷爷了。那我爷爷还不倒霉？当时就把我爷爷给押到局子里，三堂会审时，我爷爷见着他的这位徒弟了。我爷爷这个恨哪。说什么呢？就冲他说了一句话：小子，你记住，三尺地里有神灵。就这么一句，让这个徒弟良心发现，幡然悔悟，如实招了，总算把我爷爷择了出去。

"当然，也有好徒弟。他家就住在通县马驹桥。1967年我爷爷撑不住了咽了气，我这师大爷从通县赶着马车上城里送寿材来。师大爷做了充分准备，带着几个练过武术的棒小伙子，护着寿材奔了我们家。如果没有师徒情义，谁冒那么大的风险？

"那时候，我这师大爷来我们家，吃饭的时候，我爷爷坐着，他得站着给我爷爷布菜。跟我爷爷说话，得侧着身子；出门，面冲着我爷爷，退着出门……规矩大了。"

杨福喜对带徒弟犹豫不决，其次还有一个顾虑，那就是担心老话所说的"教会徒弟，饿死师傅"。

　　"如果我教会了一个徒弟，等于就给我自己树立了一个竞争对手。"传统的观念和祖训依然困扰着他。

　　虽然还没有带徒弟，但是杨福喜还是保持开放的态度。按理说，传统的手工艺是不轻易让人看到绝活儿的，但他却同意让来访者随意拍照；各家电视台甚至外国媒体记者扛着摄像机对准正在作业的他，他也毫不遮掩。这是为什么呢？"工艺太复杂了。"杨福喜说，"传统弓箭的制造和别的行业不太一样，必须师傅手把手地教，光看是学不成的。"

　　杨福喜说："那时的手艺人出于自我保护的意识，收徒不是一个一个地收，不收则罢，要收就同时收三个。一个专门学做弓，一个学画弓，一个学做箭。"这门手艺之所以失传得厉害，也许这就是其中的重要原因。

　　杨福喜今天同样摆脱不了传统的桎梏，他很无奈地说："传统弓箭制作需要丝、竹、角、筋、木、胶、漆、皮等多种原材料，作为一门完全使用天然材料的手艺，对于用料、工期都非常严格和考究，而且工艺繁复。原来在聚元号的伙计大多也只是会一两道工序，制弓的能力很大程度上来自于经验的积累。此外，学这一行对其他方面的技能要求还很高，比如，制作者要掌握木工、漆工等多个工种的技术。要想把手艺学到手，除了师傅的指点外，学徒还必须能沉下心来，潜心琢磨这其中的窍门。一般人谁愿意学这个既脏且累，还不怎么赚钱的手艺呢？"

　　国家奥委会委员徐开才说，弓箭制作技艺属于国家非物质文化遗产，"杨福喜必须收徒弟，必须要把这门手艺传下去才行。不收徒弟，这个非物质文化遗产就不能给他批了"。话说回来了，杨福喜从来没有说不带徒弟，可就是合适的徒弟还没有找到。徐教练明白杨福喜的苦衷，更知道杨福喜内心想的是什么，他对杨福喜说："你就下决心教你儿子吧，让你儿子接你的班儿，你还有什么顾虑呢？"

杨福喜摇摇头，说："不一定非传给我儿子。其实手艺人有了一定的经济基础，就不用保守了。等到有一天我儿子做了白领或者高级蓝领，衣食无忧，不用为工资发愁的时候，我自然可以传给其他人。当然，还要条件合适。"

杨福喜对收徒弟提出很严格的条件："首先，身体必须好，起码直臂能提起约91斤重的东西。没有这股子力气，怎么上弓弦？其次，人品要正，让人看了得喜欢。还有，你可以用手艺来赚钱，但是绝对不能把手艺卖给外国人，民族弓箭是咱中国的东西。"

第四节

传统弓箭行当还能走多远?

  对于传统弓箭制作手艺的传承，杨福喜还是有想法的。他说，他想写一本书，书名就叫《中国传统弓箭制作》。"把聚元号弓箭制作的工序，我制作过程中的心得全部记录下来。以后，即使我不在了，也不会失传。让广大读者能够通过这本书了解到中国传统弓箭基本的知识。"

  这些年，杨福喜在有关部门的支持下，到海外参加了不少与弓箭制作相关的学术会议，考察了不少地方，眼界无疑开阔了许多，思考问题也有了不小的变化。他说："欧洲有些地方，每年都要划出一部分狩猎区。在开猎的第一个月里，相关部门规定，必须要用弓箭狩猎。"杨福喜表示，他并不担心弓箭因与现代生活的实用意义相脱节而衰落或是消逝。

  关于聚元号这样的老字号弓箭铺能不能在市场经济的今天生存下来和进一步发展，目前还没有定论，专家和学者的观点也是各不相同。不过有一点可以肯定，作为被列入国家非物质文化遗产名录的聚元号弓箭制作技艺，国家已经给予了一些政策方面的支持和鼓励。例如，高价收购传承人的作品，每年给予传承人一些津贴和资金支持等。

  杨福喜认为，靠他一个人的力量租房子带徒弟，让聚元号这个京城老字号发扬光大确实不大容易，如果政府和相关部门加大政策上的扶持力度，那也就不算什么难事了。

然而，令我们深思的问题是：一个聚元号弓箭老作坊得到保护，就是我们保护民族传统文化遗产的目标吗？具有国粹文化的"射艺"能不能，或者说怎么能发扬光大，不更应该是研究的课题吗？假如古代"射艺"得以普及或者是复兴，自然就有了弓箭的需求市场，聚元号的生存也就不在话下。照这个思路深入下去，凡此种种，中华民族优秀的传统文化不是可以绵延不绝，生生不息，甚至发扬光大了吗？

第十章

图赏聚元号

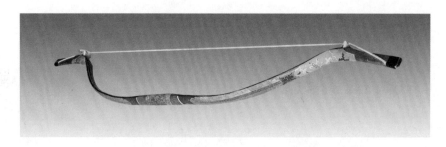

聚元号老弓

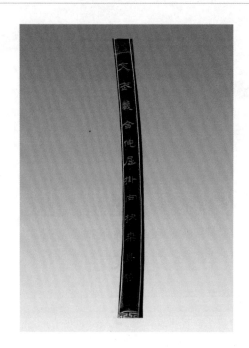

聚元号老弓内镌刻的文字

　　老弓上的落款铭文清晰可见："道光三年毂甫制"。据杨福喜介绍，他听老一辈人说，这是为了纪念聚元号问世100周年而特别制作的珍藏版，所用材料和工艺在当时都数一流。这张大弓的弓身约有1.5米长。笔者仔细地端详这张老物件，尽管历尽沧桑，依然老而弥坚。弓身镶着珍贵的鲨鱼皮，弓的表面绘有祥瑞的图案。图案所表现的含意是"暗八仙"（八仙的法器）、"万不断"（"万"字不断）、"蝙蝠"（一来是音合"福"字，二来是蝙蝠是"夜眼"，祈福拉弓射箭的人在夜晚箭无虚发）等。

▌聚元号弓箭老铺柜台前

　　照片摄于1935年，摄影者是一位英国女士。地点位于东四大街当年的弓箭大院内，聚元号弓箭铺的门店前。这是现存于世的聚元号弓箭铺年代最久远的一张照片。

　　据说，这位英国女士在聚元号柜台购买了几张弓之后，随手拿出相机拍下了这张照片。照片左边的老者是聚元号第八代传人杨瑞林，右边的孩子是刚刚五岁的第九代传人杨文通。

　　尽管铺面已经很陈旧，但可供客人选择的弓箭种类很多。门框一侧张贴的楹联依稀可辨，足见柜台主人对买卖充满期冀。柜台上方还悬挂有四个字，笔者端详许久，猜度可能是"端木生涯"，大约是指品行端方、生意长久的意思。

▍杨瑞林在老铺前留影

　　照片摄于1957年，杨瑞林当时将自己家的聚元号弓箭铺加入了合作联社。党和政府以杨瑞林入社为契机，广泛宣传合作社化的优势，同时给予了杨瑞林许多荣誉。杨瑞林神采奕奕，手持大弓，腰板挺直，丁字步，还打着绑腿，他的身后是已经制成的弓箭成品。

▌杨文通与杨文鑫在作业

　　照片摄于1957年。虽然还是在老铺门前，虽然还是干着同样的行当，但是聚元号的牌匾已被"北京市体育用品第一生产合作社"所代替。据杨福喜介绍，这是他大爷和他父亲正在赶制蒙古国订下的一批合同订单。

▌镶在弓上的字号

　　这是如今聚元号第十代传承人杨福喜制作的弓上所镶制的字号。早年间，宫廷弓作匠人制作弓箭只是铭刻匠人名字，没有字号。铭文是便于追究责任，如有差错，一看铭文就可知晓是谁制作。

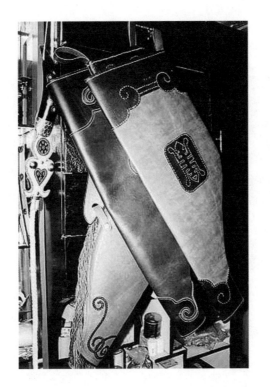

▍箭囊

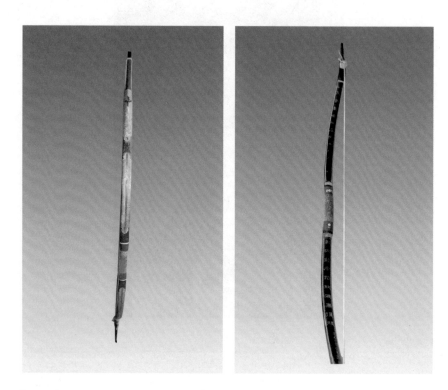

弓上画活

杨福喜检验成品弓

聚元号弓箭铺大事记

清康熙三十年（1691年），康熙谕旨，造办处迁出养心殿。

清雍正元年（1723年），造办处设立了活计库，收购内廷交出成造活计的样品和造竣尚未交进的活计。聚元号弓箭铺隶属造办处弓作。

清乾隆四十五年（1780年），朝廷在圆明园设立活计库，原建活计库改为内活计库。

清道光三年（1823年），造办处取消弓作；原属于造办处的所有弓箭作坊均迁往东四大街；聚元号工匠毅甫感慨弓箭铺的变迁，在一张已经制作好的弓上刻下文字，作为纪念。

清光绪元年（1875年），清廷《大清会典事例》记载明确恢复弓作；原属于造办处的弓箭铺重新隶属朝廷造办处所辖；东四弓箭大院直接隶属朝廷管辖，被纳入朝廷的管理范围。

清光绪九年（1883年），杨瑞林在弓箭大院出生。

清光绪二十四年（1898年），杨瑞林在堂兄的全顺斋弓箭铺开始学艺。

清光绪二十五年（1899年），弓箭大院变为民间作坊，撤销了大门警戒；各家弓箭铺允许女性出入和参与弓箭制作。

清宣统三年（1911年），杨瑞林接手聚元号弓箭铺；此时东四弓箭大院还有十余家弓箭铺。

1912年，清廷弓作取消，各弓箭铺自谋出路，弓箭大院只剩"聚元号"、"天元"、"广生"、"隆生"、"全顺斋"、"天顺成"和"德纪兴"7家。

1930年，杨瑞林之子杨文通出生。

1937年，北平沦陷，聚元号入不敷出，杨瑞林一家靠借贷和朋友接济度日。

1938年，北平贵族女子学校成立射箭队，到聚元号购买所需弓箭，聚元号生意渡过难关。

1958年，因"除四害"动员全民打麻雀，需要弹弓，杨家两代人所在的体育用品厂弓箭车间加班加点制作弹弓，生意火爆；同年，杨福喜出生。

1959年，聚元号弓箭车间因产业调整停止生产弓箭，改为以生产乒乓球台、象棋等体育器材为主。

1962年，聚元号传人杨文通所在的体育用品厂停业，杨文通调北京市水利局，成为机关所属一名木工。

1967年，东四弓箭大院被拆除。

1968年，聚元号弓箭铺第八代传人杨瑞林去世。

1988年，杨文通在家中恢复传统弓箭制作。

1995年，香港知识产权署署长谢肃方开始涉猎中国弓箭研究。

1998年，杨氏父子在西山射箭场结识中国射箭队总教练徐开才，徐开才承诺给聚元号弓箭制作予以帮助。聚元号弓箭传人杨家父子被媒体曝光，聚元号重为世人所识；聚元号第九代传人杨文通正式教授杨福喜弓箭技艺；聚元号牌匾在朝阳区团结湖小区水利局宿舍大院内被重新

挂出。

1999年，杨福喜与他人合作在京郊某旅游景点创办弓箭娱乐场所，运营不足一年，因故停业。

2000年，谢肃方的《射书十四卷》一书在国外出版，是明代以来首本全面论述中国射艺历史的外国著作。书中对聚元号弓箭铺进行了介绍。

2001年，聚元号弓箭铺全年仅卖出一张弓，濒临关张的边缘。

2002年，徐开才带谢肃方到杨福喜的工作室参观，谢肃方观看了聚元号弓箭的制作工艺后喜出望外，当即出高价买下杨家父子刚刚制作好的20多张弓。谢肃方通过互联网和其他媒体介绍聚元号弓箭，引起路透社、美联社等媒体关注，多篇报道见诸报端。

同年，谢肃方带着杨福喜的弓访问蒙古国。蒙古弓箭专家对弓的第一个评价就是"好"，称赞："从没见过这么好的弓！"

2003年，香港海防博物馆开幕，同时召开亚洲传统射艺研究会，作为特邀嘉宾，聚元号第九代传人杨文通、第十代传人杨福喜赴港参加并在会上做精彩发言和射艺表演，引起轰动。谢肃方及香港海防博物馆馆长丁家豹赞誉杨家父子为国家级人才。会议期间，香港多家媒体对聚元号进行了追踪采访和深入报道。

同年，中国科技大学科学史科技考古系研究生仪德刚的博士论文选题为古代冷兵器的研究，他的课题小组在聚元号工作室工作长达三个多月，详尽记录和整理了杨福喜制作弓箭的全过程。

同年，因北京城市道路改造，北京唯一弓箭人家祖庙被拆除。

2004年，中国艺术研究院在全国范围内聘请民间艺术创作研究员，杨文通是首批被聘请的30人之一，其作品在中国艺术研究院展览并被收藏。当时的文化部部长对聚元号的展品给予了很高的评价，并就传统手工艺的保护和传承的问题与杨文通进行了亲切的交谈，提出了建议，给予了鼓励。

同年，仪德刚和中国科学院自然科学史研究所研究员张柏春联名发表了《北京"聚元号"弓箭制作方法的调查》一文，文章在互联网上被迅速传播，进一步扩大了聚元号的知名度。

2005年，北京市朝阳区文化馆对聚元号弓箭制作技艺进行专项调研，成立专项调研工作组，对聚元号弓箭制作技艺的相关资料、制作流程进行了调研整理。

同年，有关单位制作完成了《聚元号制弓技艺论证报告》及一部10分钟纪录片。

同年，"聚元号制弓技艺专家论证会"在朝阳文化馆举行。中国科学院自然科学史研究员、中国传统工艺研究会理事长华觉明，原中国射箭队总教练、中国射箭协会副主席徐开才等9位专家到会。通过专家论证，《聚元号弓箭制作技艺》被列入北京市级非物质文化遗产名录。

同年，杨文通父子的弓箭作品被北京民俗博物馆收藏。

同年，全国进行了非物质文化遗产的普查工作，聚元号弓箭成为第一批被列为应予保护的非物质文化遗产。

2006年，北京市朝阳区报送的《聚元号弓箭制作技艺》通过国家级非物质文化遗产代表作名录。

同年，聚元号第九代传人杨文通去世，享年76岁。

同年，"聚元号"成为第一批通过的国家级非物质文化遗产保护项目。

同年，中央电视台国际频道采访杨福喜。

2007年，聚元号弓箭铺从团结湖小区水利局宿舍大院迁至朝阳区高碑店华夏民俗文化园内。

同年，杨福喜成为国家级非物质文化遗产项目聚元号弓箭制作技艺的代表性传承人，同时被授予"中国民间文艺杰出传承人"荣誉称号。

2008年，新华出版社正式出版《聚元号弓箭》一书。该书全面记述了聚元号弓箭铺的发展史，被学者誉为第一部当代以中国弓箭为主题的著作。

2009年，聚元号弓箭铺迁至潘家园旧货古玩市场乙排B区102号，设立摊位。

同年，聚元号工作室迁至通州区台湖镇北姚园村20号。

同年，国家文化部授予杨福喜"非物质文化遗产保护工作先进个人"荣誉称号。

同年，在北京民间文艺家代表大会上，杨福喜当选为北京民间文艺家协会理事。

2010年，聚元号弓箭荣获中国非物质文化遗产博览会铜奖。

2011年，北京农村实用人才创业成果展示推介会中，杨福喜获得最佳创意奖。

同年，在中国浙江义乌非物质文化遗产展览评比中，杨福喜的作品获得金奖。

2012年，在首届中国黄山非物质文化遗产传统技艺大展上，杨福喜获得一等奖。

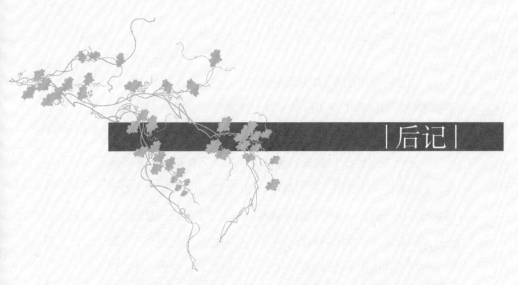

|后记|

　　应当说，本书的写作有一个资料基础，因为早在2008年，有过一个类似内容的版本，名为《聚元号弓箭》，由新华出版社出版，被有关读者或学者誉为当代甚至现代中国第一部弓箭类普及读本。那一本书的作者同样是本人，当时是接受了北京市文联民间文艺家协会给予的"任务"，通过采访杨福喜，翻阅相关资料耗费了小半年时间编撰而成。当年的《聚元号弓箭》与今天这本书相比，并不是再版，也不是重新将材料排列组合，而是再创作，进一步思考的结果。同时，也是在之前的基础上进行了重新梳理和材料补充修订。与上一本书相比，从体裁上讲均属于纪实文学，但是第一本侧重文学性，这一本侧重于纪实。特别是聚元号弓箭的制作工序和流程的表述，本书单列为一章，铺陈一万余字，可谓相对详尽。从语言表述上讲，第一本相对口语化，而这一本为便于读者阅读，尽可能使用书面语言，特别是制作流程一章，尽可能避免产生歧义。

　　为了方便读者阅读及使用本书，笔者对相关弓箭知识和历史记载资料进行了进一步订正和注释。尽管如此，也难免挂一漏万，以偏概全，有些问题或许还没有解释清楚。不过查阅历史古籍，翻阅报刊文摘还是花费了很多时间和精力，能不能达到预期

效果，也还需要读者的反馈意见。

　　本书所引用的史籍资料有一些为国家档案局研究馆员郭银泉、张军等文友提供，在这本书出版之际谨表谢意。

　　在进行本书创作与编撰的准备工作时，笔者查阅了许多媒体对杨福喜的采访文稿，还对与弓箭相关的知识，包括世界各地弓箭与我国历史上民族弓箭的比较与差异进行了研究，因而本文一些观点看法属于本人的拙见和浅识，很可能是片面或者不准确的，在这里还望广大读者和方家指正。笔者在写作这本书的过程中，产生一个观点，即：档案真实不等于历史的真实。特别是官方档案涉及统治者的根本权益时，在文字记述时总有所倾向甚至偏颇。因而，考证历史事件时，翻阅历史档案是远远不够的，还应当浏览野史并听取民间口口相传的故事。本书在对历史的看法中有很多不仅来自档案史料，还有民间传闻以及聚元号弓箭传承人杨福喜本人的口述历史。

　　本书能够达到今天的水准，离不开出版社和责任编辑的辛勤劳动；本书借用和转述了一些专家和学者的有关著述，以期达到博采众长之目的，如仪德刚教授的论文、弓箭专家谢肃方先生的观点，还有彭林教授的看法以及众多媒体记者采访文章的相关内容，在这里一并表示真诚感谢。

韩春鸣

2020年8月